主餐級
麵包料理

CUISINE BREAD

Monpin
Cuisine Bread

追尋烘焙麵包的進化

我從事烘焙事業已經超過十年了。這段時間內，高品質的烘焙麵包店如雨後春筍般湧現，使得喜愛麵包的消費客群變得更加廣泛，不僅如此，烘焙的品質和發展水準也達到了前所未有的高度。在這樣的變化中，身為烘焙店經營者，我深刻感受到市場對於新產品的需求，因此開始思考該如何開發出兼具獨特性和大眾性的商品，而這個思考的結晶便是本書中介紹的「Cuisine Bread」。

我所定義的「Cuisine Bread」有別於一般人熟知的鹹味麵包或三明治，是一種進化版的烘焙麵包。傳統的麵包是將麵團簡單地添加香腸、乳酪等食材後烘焙而成，而「Cuisine Bread」則透過增強料理的步驟，製作出更多符合消費者喜愛的口味，提升了產品的價值，也可以說，是在傳統麵包的基礎上打造出像高級餐廳的下酒菜餚。由於料理的範疇非常廣泛，因此我認為在菜單開發上具有很大的發展潛力，「Cuisine Bread」能夠成為一種極具吸引力的商品。

不過，在引進新菜單之前，我們也必須思考在烘焙店實際遇到的問題。即便仍是製作麵包，處理複雜的料理過程對於現有的人手來說並不容易，如果為了引進新菜單而增加生產人力，對於經營上並不會產生實質幫助。考慮到大多數烘焙店的情況，在本書中也介紹了能夠最大限度地使用市售產品的方法，只需借助現有的人力，就能製作出有附加價值的新產品。更重要的是，我們專注於達成產品本身的完美。本書收錄的「Cuisine Bread」食譜，在配料、形狀和烘焙過程中都經過精心調整，以確保能夠呈現出絕妙的風味和口感，產生協同效應。這些都是在「Le Pain」和「Monpin」烘焙店中實際販售，並經過多次測試後整理而成的高水準食譜。

我將「料理」作為人生之旅的新起點，並將其與早已成為我的全部的「麵包」相結合，從而創作出更有趣的產品，這一點讓我對「Cuisine Bread」充滿深厚的情感。希望這本書能夠為正在計畫經營烘焙店，或者已在烘焙店工作的人帶來新的靈感，或許也能讓喜愛吃麵包的人能有新的飲食選擇。最後，再次感謝共同創造了「Cuisine Bread」的職員們，尤其是付出了最大努力的白琮玄、黃景煥和姜采沅師傅。

任泰彥

CONTENTS

CHAPTER 1

用巧巴達・布里歐・千層酥做料理

CHAPTER 4

用簡便食材製成的
熱門早午餐菜單

CUISINE BREAD
PREPARATION

麵包料理
準備作業

INGREDIENTS 基本食材

「Cuisine Bread」簡單來說是由麵包、蔬菜、肉類和醬料等多種食材製成的開放式三明治,因此在構思食譜配方時,考量整體的協調性非常重要。但是,並沒有一定要使用同樣的食材來搭配,根據季節和食材價格的變動,使用類似口感和味道的食材來代替也完全沒問題。為了幫助讀者能夠按照不同需求彈性應用食譜,本書會介紹常見食材的特點、味道和用途,並且同步列出實用性,以方便讀者判斷各食材的必要程度。

乳酪

Cheese

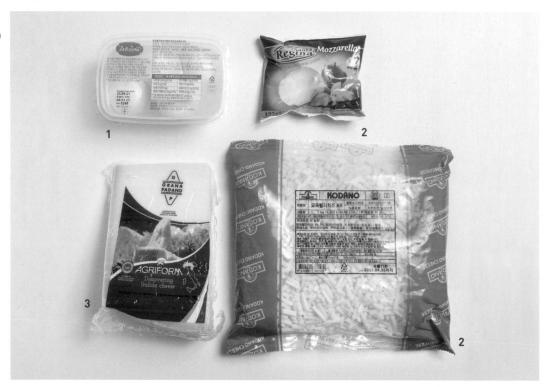

1 布拉塔乳酪 Burrata Cheese
在口袋造型的莫札瑞拉乳酪中,注入滿滿奶味的奶油所製成的義大利新鮮乳酪。幾乎沒有添加其他味道,可以完整地感受到新鮮的牛奶風味。如果撒上一些格拉娜帕達諾乳酪,再用噴槍炙燒,還可以增添煙燻風味。
實用性 ●●○○○

Match 搭配水果、蔬菜和堅果類等食材。

2 莫札瑞拉乳酪
Mozzarella Cheese
義大利代表性乳酪。將水牛奶或牛奶凝乳多次加熱、凝固,反覆拉伸製作而成,具有新鮮又乾淨的奶味和嚼勁,只要加熱就可以拉伸成長條狀。本書使用了兩種莫札瑞拉乳酪,一種是為了保持濕度而浸泡在鹽水中販賣的新鮮莫札瑞拉乳酪,另一種則為乾燥細切的莫札瑞拉乳酪絲,通常會加熱後使用。
實用性 ●●●○
Match 適合搭配番茄、羅勒等新鮮蔬菜。

3 格拉娜帕達諾乳酪
Grana Padano Cheese
將牛奶在高溫下冷凝壓榨，經過長時間發酵製成，具有鹹味、味道香醇。與性質相近的帕馬森乳酪（義大利語：Parmigiano-Reggiano）相比，生產標準較不嚴格、熟成期間較短，而且價格較低廉。因水分含量低且質地較硬，使用時會先用刨刀磨碎。
實用性 ● ● ● ●
Match 可以彈性搭配所有的肉類、蔬菜和海鮮食材。

4 菲達乳酪 Feta Cheese
用羊奶或山羊奶製作，浸泡鹽水醃製而成的希臘代表性乳酪。其特點是鹹鹹的味道、刺鼻的酸味和易碎的滑順口感。

實用性 ● ○ ○ ○
Match 搭配番茄、橄欖、新鮮蔬菜等食材。

5 普羅沃洛內乳酪
Provolone Cheese
將莫札瑞拉乳酪用鹽水醃製後，在調節溫溼度的空間中發酵而成的乳酪。像莫札瑞拉乳酪一樣，具有可加熱拉長、拔絲的特性和柔順的牛奶風味，熟成的時間越長，特有的風味也越強烈。
實用性 ● ● ○ ○
Match 適合用在披薩餃等熱食。

6 布里乳酪 Brie Cheese
在法國東北部布里地區生產的乳酪。主要以扁圓車輪形狀生產，薄而軟的外皮包裹著像奶油一樣

柔軟的內部。充滿濃郁的水果、堅果香氣，味道很高級，別稱為「乳酪之王」。
實用性 ● ● ○ ○
Match 適合搭配烤蔬菜、水果、堅果等食材。

7 切達乳酪 Cheddar Cheese
英國具代表性的切達乳酪，是世界上最受歡迎的乳酪之一。具有溫和的香味和鹹味，外表呈接近橙色的黃色。主要使用片狀產品，或是將塊狀產品用刨刀磨碎後使用。
實用性 ● ● ● ●
Match 搭配雞蛋、雞胸肉等脂肪含量低的食材。

加工肉品

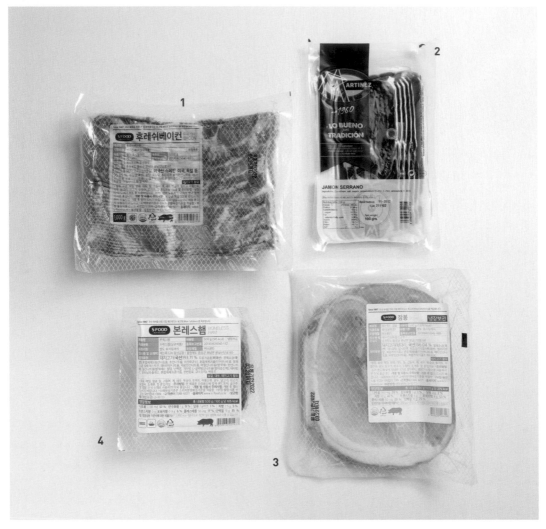

1 培根 Bacon
使用豬腹脅肉加工而成的產品，與其他加工肉類相比，油脂較多。根據用途的不同，可以選擇厚薄度0.3cm左右的產品或0.7cm左右較厚實的產品。
實用性 ● ● ● ○

2 西班牙火腿 Jamón
是將豬後腿肉用鹽醃製，並在陰涼處發酵後製成的一種西班牙式生火腿，鹹味強烈。與用黑豬肉製成的伊比利亞火腿（西班牙語：Jamón Ibérico）相比，使用白豬肉製成的塞蘭諾火腿（Jamón Serrano）更為經濟實惠。
實用性 ● ○ ○ ○

3 法式火腿 Jambon
Jambon在法語的意思為「火腿」，分成未經煮熟就直接醃製後乾燥、發酵製成的「生火腿（Jambon Cru）」；以及加熱烹飪後呈現白色的「熟火腿（Jambon Cuit）」兩種。通常會夾在法式長棍麵包中間，搭配奶油，做成好吃的三明治。製作法式火腿奶油長棍麵包（Jambon Beurre）時，主要使用的是「熟火腿」。
實用性 ● ○ ○ ○

4 去骨火腿 Boneless Ham
用豬肉脂肪含量低的部位進行煙燻加工，肉的紋理更加鮮明。切成薄片，使用起來十分方便。若想追求更清淡的口感，則可以使用去骨火腿來取代培根。
實用性 ● ● ○ ○

5 手撕豬肉 Pulled Pork
將豬肉脂肪含量低的部位煮熟成柔嫩的肉質後煙燻，接著撕碎，再用BBQ醬料調製而成的產品。比起直接使用市售品，更推薦稍加烹飪、補強料理風味。
實用性 ● ● ● ○

6 煙燻鮭魚 Smoked Salmon
使用鹽、糖、蒔蘿等香料醃製並煙燻而成的產品。若是冷藏產品，不需要解凍，於使用上很方便，但保存期限不長；若是冷凍產品，建議要在使用的12個小時前就先取出來冷藏解凍。
實用性 ● ● ● ○

7 舒肥雞胸肉
Sous Vide Chicken Breast
舒肥法（Sous Vide）是一種將食材密封在塑膠袋內，放入預先調整溫度的水中，用低溫長時間烹調的方法。可以保留食材本身的原味、香氣和水分，肉質也會非常嫩滑。雞胸肉若用一般的方式來烹調，可能會柴柴的，因此本書中使用舒肥雞胸肉，讓人可以享受到柔嫩的口感。
實用性 ● ● ● ●

8 冷凍海鮮 Frozen Seafood
本書使用的蝦子、魷魚、干貝等食材，是在市面上販售的冷凍產品，因為前置作業處理得很乾淨，使用上就很方便。可以將它們放入添加了少許鹽和檸檬汁的沸水中煮熟，或在平底鍋中炒熟，料理方式都很簡單。
實用性 ● ● ○ ○

市售醬料

1 BBQ醬汁 BBQ Sauce

這是以番茄糊為基底，添加多種香草、辛香料熬製而成的產品。主要搭配肉類使用。價格低廉的產品酸味較重、較不美味，因此即使價格稍貴，也建議使用品質較好的產品。

實用性 ●●●○

2 凱薩沙拉醬 Caesar Dressing

這是普遍使用在凱薩沙拉中，以美乃滋為基底製成的調味醬。添加細切的歐洲鰻、美乃滋、食用醋和帕馬森乳酪等，味道微鹹且鮮明。很適合搭配蘿蔓萵苣、雞蛋、培根和雞胸肉等食材使用。

實用性 ●●○○

3 美乃滋 Mayonnaise

由植物性食用油、蛋黃和食用醋混合製成，口感柔順、香氣濃郁且略帶酸味。可以單獨使用，也很常用來製作調味醬和抹醬，使用機率高，若是商家，推薦購買大容量的產品來使用。

實用性 ●●●●

4 酸奶油 Sour Cream

用乳酸菌將鮮奶油發酵製成的產品，其黏度和口感與優格相似，但乳脂含量較高、味道相對濃郁。通常會在製作瑞可塔乳酪時添加，用來讓味道變得更加濃郁，或者拿來製作抹醬。

實用性 ●●○○

5 希臘優格 Greek Yogurt

是指在希臘等地中海沿岸地區，使用傳統的無添加物發酵方式製成的優格。最近人們也把「將乳清過濾出來，製成質地堅硬的優格」稱為希臘優格。

實用性 ●○○○

6 奇波雷煙燻辣椒
Chipotle Pepper

將墨西哥產出的墨西哥辣椒，在不切割的狀態下進行燻烤、乾燥後，浸泡在阿斗波醬（Adobo Sauce，用辣椒、香料、蔬菜和番茄醬等熬煮而成的醬汁）中加工製成。既可以使用於墨西哥料理，又適合搭配肉類料理。

實用性 ●○○○

7 蘑菇醬 Mushroom Paste
將蘑菇磨成泥狀後，添加松露香
氣，提高整體風味的產品。可用
在抹醬、義大利麵、濃湯等多種
用途。
實用性 ●●○○○

8 烤肉醬 Bulgogi Sauce
以醬油為基底，加入大蒜、洋
蔥、蘋果、梨子、鳳梨等，為了
方便完成烤肉料理而製作的醬
料。若將此醬料與切絲的蔬菜、
牛肉一起拌炒，就能完成一道美
味的家常菜。
實用性 ●●○○○

9 豆瓣醬 Doubanjiang
豆瓣醬是用蠶豆製成的醬料，與

辣椒醬相似，但呈現接近褐色的
紅色，混有很粗的顆粒，具有獨
特的辛辣味和香氣。適合用來製
作中式料理。
實用性 ●○○○○

10 蠔油 Oyster Sauce
將牡蠣經過醃製發酵加工而成的
醬汁，是中式菜餚中不可缺少的
醬料之一。又甜又鹹，口感柔順
新鮮。
實用性 ●●○○○

11 甜辣椒醬
Sweet Chili Sauce
用辣椒、食用醋、大蒜等食材做
成的東南亞風味醬汁。沒有太強
烈的辣味，帶有酸甜味，主要用

來搭配蝦子、蟹肉等海鮮，或是
油炸食品。
實用性 ●○○○○

12 是拉差辣椒醬
Sriracha Sauce
一種酸甜中帶辣味的泰式辣醬，
用香辣的辣椒、食用醋、大蒜等
製作而成。
實用性 ●●○○○

13 魚露 Fish Sauce
將魚肉發酵製成的清爽醬汁，具
有獨特的強烈味道和香氣，即使
只少量使用，也能讓料理充滿東
南亞風情。
實用性 ●●○○○

14 果泥 Fruit Purée
將水果加工成有黏稠質地的泥狀，保留了水果獨特的風味和香氣且擁有鮮豔顏色，在製作水果醬料或果醬時非常實用。市面上有販售不同種類，本書使用的是芒果和草莓果泥。
實用性 ●○○○

15 楓糖漿 Maple Syrup
用糖楓的汁液熬製而成的糖漿，質地略比蜂蜜稍稀，呈現暗琥珀色。主要用來調製出甜味，其濃郁的香氣和清爽的甜味可以提升整體料理的質感，也很適合用來搭配堅果類。
實用性 ●●○○

16 檸檬汁 Lemon Juice
雖然可以親自榨取檸檬汁，但運用市售產品會更方便。將檸檬汁加入水果或蔬菜中，增添清爽和芬芳的酸味，能提升料理的新鮮度；或者在煮海鮮類食材時，加入適量檸檬汁，可去除腥味。
實用性 ●●○○

17 芝麻醬 Sesame Paste
將芝麻表層的殼都去掉後，磨成細膏狀製成的產品，不添加其他成分，100%純芝麻製成。可以用於製作沙拉醬、醬料、抹醬等多種用途。
實用性 ●○○○

18 松露油 Truffle Oil
橄欖油添加松露香氣製成，只需少量加入即可感受到強烈的松露香。適合用於以蘑菇為主食材的料理。
實用性 ●●○○

19 羅勒青醬 Basil Pesto
將羅勒、大蒜、松子、格拉娜帕達諾乳酪和橄欖油研磨而成的醬料。它以冷藏或冷凍混合的方式販售，冷藏的羅勒青醬通常含有較多的鹽分，以防止腐敗，因此使用時可以維持較長時間的鮮綠色，但鹹味較重。
實用性 ●●●○

20 芥末籽醬
Whole-Grain Mustard
這是在芥末籽中添加醋、白葡萄
酒等加工而成的產品。具有鮮明
的酸味和香辣味,明顯有趣的顆
粒感,搭配肉類或較油膩的料
理,可以增添清爽的風味。
實用性 ●●●●

21 番茄糊 Tomato Paste
將煮熟番茄的籽和皮去掉,再熬
煮濃縮成風味濃郁的產品。番茄
糊的水分含量較少,就算只在烹
飪時使用少少的量,也可以有效
增添番茄的味道和香氣。
實用性 ●●●○

22 辣根醬 Horseradish
這是將米色的根莖類蔬菜——辣
根研磨後,再與醋、美乃滋混合
加工而成的產品。刺鼻的辣味非
常適合搭配較為油膩又香氣濃郁
的鮭魚。
實用性 ●●○○

23 去皮整顆番茄罐頭
Canned Whole Tomatoes
將味道濃郁的李子番茄整顆煮熟
後去皮,浸泡在濃郁的番茄汁
中,加工成罐頭型態的產品。
比起使用新鮮番茄,不僅更省功
夫,在味道和穩定性方面也更有
利,而且價格相對低廉。
實用性 ●●●○

24 巴薩米克醋珍珠
Balsamic Pearls
在凝膠型球體上注入巴薩米克醋
製成珍珠形狀的產品,具有巴薩
米克醋的鮮味,以及珍珠的閃亮
時髦造型。市面上主要流通黑色
和白色兩種。除了肉類、魚類料
理和開胃菜之外,也廣泛被使用
在甜點中。
實用性 ●●○○

25 巴薩米克醋膏
Balsamic Glaze
用巴薩米克醋熬製而成的醬汁,
顏色呈現暗褐色,比起巴薩米克
醋,甜味更甜,濃度也更濃稠。
實用性 ●●○○

罐頭食品
Canned Foods

1 成熟酸豆 Caper Berry
如果說經常用來搭配鮭魚的酸
豆（Caper，又名刺山柑、續隨
子）是花蕾，那麼成熟酸豆可說
是花朵凋謝後長出的果實。成熟
酸豆的味道跟酸豆很相似，但刺
鼻的辣味較少，較為柔和，裡面
還有細小的籽，口感非常獨特。
實用性 ● ● ○ ○ ○

2 酸黃瓜 Cornichon
這是用白葡萄酒醋醃製的迷你酸
黃瓜，比起用大黃瓜製作的普通

醃黃瓜，口感更加清脆爽口。主
要用在口感柔軟的三明治、油脂
多的魚類或肉類料理，能為料理
的風味帶來亮點。
實用性 ● ● ○ ○ ○

3 鷹嘴豆 Chickpea
鷹嘴豆又稱為「埃及豆」。這是
將鷹嘴豆水煮、用鹽調味後加工
製成的罐頭產品，口感與煮熟的
栗子很像，越嚼越香。通常會直
接加入濃湯、沙拉中增加飽足
感，也會用油炸方式處理，或者

磨碎做成鷹嘴豆泥。
實用性 ● ● ○ ○ ○

4 橄欖 Olive
使用西班牙產黑橄欖製成的罐頭
CP值較高，因為黑橄欖是加工成
去籽狀態，使用起來更為方便。
香氣濃郁、果肉有彈性，水分也
較多。
實用性 ● ● ○ ○ ○

蔬菜

Vegetables

1 藜麥 Quinoa

擁有高含量的膳食纖維和蛋白質，被稱為「超級穀物」，吃起來有嚼勁且吃完後能長時間維持飽腹感。用冷水清洗至無泡沫出現後，再用水煮熟後食用。

實用性 ●●○○

2 櫻桃蘿蔔 Radish

櫻桃蘿蔔根部的紅皮和白色內裡，搭配起來十分刺激食慾，通常會切成薄片或楔形作為裝飾。它的味道和口感與蘿蔔相似，但辣味較少。維生素和礦物質的含量高。

實用性 ●●●○

3 花椰菜苗 Broccolini

花椰菜苗是芥蘭和花椰菜的混合種，也被稱為「青花筍」。它的莖像蘆筍一樣較軟且瘦長，常用烹飪方式為拌炒或汆燙。

實用性 ●●●○

4 紅菊苣 Radicchio

紅菊苣是菊苣的一種，雖然尺寸比萵苣還要小但構造相似，是由多片葉子交疊形成的球狀。味道甜中帶苦，明亮的紫色葉子還能增添食慾。加熱後，苦味會更加鮮明，所以建議不要煮熟，生食為佳。

實用性 ●●●●

5 櫛瓜 Zucchini

又名「夏南瓜」，品種多元，風味略有差異，最常見的就是綠色跟黃色的長條型櫛瓜。口感清脆，味道清甜。

實用性 ●●○○

6 酪梨 Avocado

成熟的酪梨擁有新鮮的香氣和濃郁的奶油口感。若錯過食用時機，果肉會迅速變黑，因此購買時建議挑選深綠色、質地硬實的酪梨，再等待它熟化。當果皮變黑、輕壓感覺果肉變軟時，就可以搗碎或切片使用。

實用性 ●●●○

7 酸模 Sorrel

酸模擁有紫紅色葉脈以及在嫩葉狀態下採收的淺綠色小葉片，造型非常吸引人，通常作為沙拉或三明治的裝飾。富含維生素，帶有獨特的酸味和蘋果般的甜味。

實用性 ●●○○

8 野生芝麻菜 Wild Arugula

相較於一般的芝麻菜，野生芝麻菜的味道更為濃烈，葉子也更長而尖。它帶有微苦的清香味道，很適合搭配乳酪、番茄、羅勒青醬、火腿等食材。使用前除了需要洗淨外，無需額外的處理步驟，非常方便。

實用性 ●●●●

9 冰山火焰萵苣 Frillice

火焰萵苣擁有像褶皺般的特殊葉子，口感柔嫩且清脆，味道也很甜美，深受大眾喜愛。夾入麵包時，讓葉子的邊緣稍微露出，可以讓食物看起來更美味。

實用性 ●●○○

10 結球萵苣 Iceberg Lettuce

結球萵苣是在沙拉或三明治中被使用得最廣泛的葉類蔬菜，能為用肉類或油膩食材製成的料理，增添清脆新鮮的口感。建議選擇重量較重且質地堅實者。若切開後放置一段時間，容易產生褐變，因此平時應用保鮮膜包好，於使用前再拿出來。

實用性 ●●●●

11 福山萵苣 Caipira

外觀上擁有清爽的淡綠色，比起一般生菜更軟嫩、水分多、口感清脆且味道不苦澀。可以自由搭配在所有料理中。

實用性 ●○○○

12 綠捲鬚生菜 Frisée

一種具有柔嫩口感和濃郁香氣的蔬菜，製作任何料理都很適合。它的淡綠色葉子又細又蓬鬆，可以用來做裝飾，為整個料理增添清涼和爽口的感覺。

實用性 ●●●○

1 百里香 Thyme

百里香是一款芬芳且帶有淡淡木香的香草，能為肉類和魚類料理增添濃厚風味。其長而細的枝幹上長有小而尖的葉子，外觀非常適合用作裝飾。

實用性 ●○○○

2 蒔蘿 Dill

蒔蘿具有明顯的辛香味，不僅能有效地去除魚腥味，還能減輕油膩感、增添清爽感，是與鮭魚密不可分的香草。蒔蘿對高溫比較敏感，通常會在烹飪後再加入，或使用在不需要加熱的醬料中。

實用性 ●●●○

3 香芹 Parsley

有「巴西里、歐芹、荷蘭芹」等別稱，其味道清新且不苦，搗碎後加入料理中能賦予食物清香，同時有助於去除腥味，是西方料理中不可或缺的食材。在本書中是使用平葉的義大利香芹，而不是捲葉香芹。

實用性 ●●●●

4 迷迭香 Rosemary

迷迭香的香氣濃郁，用手輕輕觸摸就會沾染上味道，對於消除肉的腥味很有幫助。即使只放上一根枝條，也能讓整道料理充滿濃烈的香氣。在本書中是將迷迭香搗碎後和其他食材一起炒熟，或者將整枝迷迭香放在完成的料理上做裝飾。

實用性 ●●●○

5 香菜 Cilantro

又稱「芫荽」，帶有獨特香氣，對於消除肉的腥味很有幫助。即使只添加少量，也能明顯地讓料理增添異國風味。但有些人不喜歡，建議不要直接加入料理中，可以作為配菜，供人自由選用。

實用性 ●●○○

6 粉紅胡椒 Pink Pepper

由於形狀和大小與胡椒相似，所以被稱為「粉紅胡椒」或者「紅胡椒粒（Pink Peppercorn）」，但其實此香料與胡椒無關。像紙一樣薄的紅色外殼包裹著種子，可以輕易用手弄碎。具有香辣中帶甜的細膩風味。

實用性 ●●●○

7 車窩草 Chervil

在法國料理中，車窩草、香芹、龍蒿、蝦夷蔥共同被稱為「法式混合香料（Fine Herb）」。它帶有溫暖且清新的香氣，就像茴香和松葉一樣。由於香氣不算強烈，因此建議在烹飪的最後階段再加入即可。

實用性 ●●○○

Herbs·Spices

香草·香料

麵粉・奶油・酵母・鹽

Bread Ingredients

1 Two stars flour
由ADM公司製造，以加拿大紅春小麥100%磨成、營養強化的高筋麵粉。水分含量為13.7%，因為含水量較低，在揉麵團時需要添加較多的水，才能製作出質地濕潤的麵包。

2 Silver Star flour
由ROGERS食品公司製造，以加拿大紅春小麥100%磨成、營養強化的高筋麵粉。含有豐富的水分和蛋白質，具有麵粉獨特的香氣和風味。水分含量高達14.5%，適合用來製作鄉村麵包和吐司。

3 T65 法國粉
添加了麵筋、維生素C和酵素等成分，使得麵團更有彈性和保水性。灰分含量較高，因此顏色較深，適合用來製作法式傳統麵包，例如長棍麵包等。

4 全麥麵粉
Whole-Wheat Flour
以整顆小麥磨製而成的麵粉，含有豐富的膳食纖維和礦物質等營養成分。可用來製作鄉村麵包，增添濃郁的香氣。

5 高筋麵粉 Strong Flour
烘焙麵包用的麵粉，將小麥去殼去皮後磨製而成，具有良好的彈性和膨脹性，能夠讓麵團穩定地發酵膨脹。又名為「強力粉」。

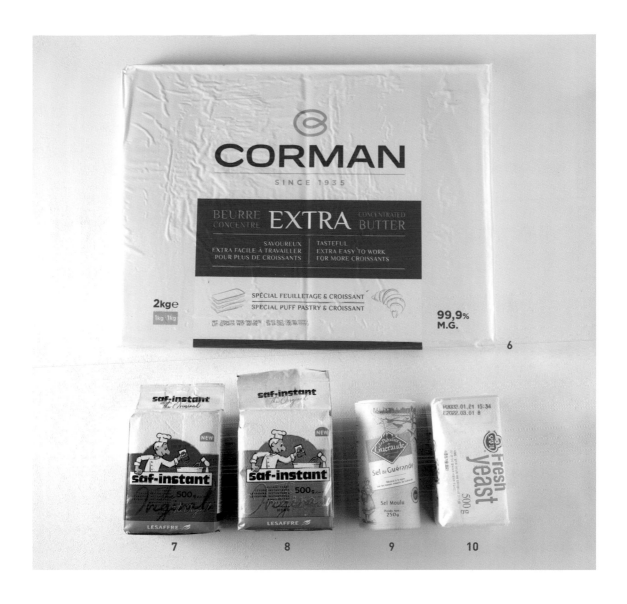

6 片狀奶油 Butter Sheet
來自比利時CORMAN的發酵奶油片，乳脂肪含量達99.9%。用它做成的麵包，具有濃郁的奶油香氣，並且能長時間維持酥脆的口感，尤其搭配水分較多的食材時，也不容易變得潮濕。

7 低糖乾酵母
Low Sugar Dry Yeast
適合用來製作砂糖含量較低的麵團，例如法式長棍麵包、鄉村麵包等，即糖量與麵粉量的比例不超過5%的麵團。

8 高糖乾酵母
High Sugar Dry Yeast
通常用來製作砂糖含量較高的麵團，例如布里歐麵包、千層酥等，即糖量與麵粉量的比例超過5%的麵團。

9 蓋朗德海鹽 Guérande Salt
來自法國的天然海鹽，無苦澀味，帶有獨特的鮮甜風味。

10 新鮮酵母 Fresh Yeast
含水量為70%的濕潤酵母，搭配麵粉的使用比例約為2-4%。

BASIC RECIPES 基礎配料食譜

在這裡將介紹各種配料或能提升整體風味和設計的食材之基礎烹飪方式。開設烘焙店或餐廳時，為了能夠有效率地運作廚房，常用的食材可以提前烹飪好並設定使用期限，確實記錄製造日期、消耗時間等資訊相當重要，如此不僅可以減少食材的浪費，還有助於安排作業時程。下述食譜的分量是以商家方便準備的用量為基準，各位可以根據需求彈性調整。

奶油炒麵糊

大約 180g • 冷藏保存 5 天

Roux

奶油炒麵糊（Roux）是由麵粉和奶油按照1：1的比例炒製而成，炒好的顏色分為白色、金黃色、棕色和深棕色等不同類型。通常使用於西式料理的醬料或湯，可以改變濃度、增添濃郁口感。在本書中，主要使用白色的奶油炒麵糊，因此在這裡介紹白色口味的食譜。

Ingredients
麵粉 100g
奶油 100g

1 在平底鍋中加入奶油，以小火加熱融化後再加入麵粉，充分攪拌均勻以避免結塊。

2 以中火煮大約8分鐘，在過程中必須不斷攪拌，以保持顏色不變。
Tip 完成的奶油炒麵糊可以分裝成小份後，進行真空包裝、冷藏保存，需要時方便隨時使用。

1

2

2 tip

水波蛋

Poached Eggs

5個 • 冷藏保存／當日使用完畢

水波蛋同時擁有蛋白的柔嫩口感和蛋黃的香氣。用來製作三明治或沙拉時，可以讓口感和風味更加昇華。

Ingredients
雞蛋 5個
水 5L
鹽 30g
食用醋 100g

1 將雞蛋各打入小碗中備用。
2 在深鍋中裝水煮沸後，加入食用醋和鹽。
3 火侯轉成小火，將水以同一方向慢慢地攪拌，使水呈漩渦狀，同時倒入雞蛋。
　 Tip 若攪拌過度、水流轉速太大，會導致蛋白散開分離。
4 等蛋白煮熟、整顆蛋浮上水面時，再用篩網撈起，浸泡冰塊水。
　 Tip 可以先放置冰箱冷藏保存，等到使用前再浸泡於65-70℃左右的水中5分鐘。
　 這麼一來，蛋白的柔嫩口感以及蛋黃香氣就會再次出現。

瑞可塔乳酪

Ricotta Cheese

大約300g ● 冷藏保存2天

將香氣濃郁的牛奶濃縮後製成的瑞可塔乳酪，味道柔順且清香，備受大眾喜愛。使用市售產品也可以，但市售產品沒有經過熟成的步驟，而且此作法很簡單，推薦各位親手製作看看！

Ingredients

牛奶 5L	鹽 40g
鮮奶油 1L	細砂糖 60g
酸奶油 970g	檸檬汁 100g

1 將檸檬汁以外的所有食材混合均勻。
2 接著倒入鍋中，以小火煮15分鐘左右，注意不要燒焦。
3 等混合的液體凝固後即可關火，接著倒入檸檬汁。
　Tip 使蛋白質凝固的酸不耐熱，因此一定要先停止加熱，才加入檸檬汁。
4 將凝固好的瑞可塔乳酪，用鋪了棉布的篩網過篩，然後再移進冰箱冷藏大約4小時以去除水分。

1　　　　　　3　　　　　　4

MONPIN　TIP　烤瑞可塔乳酪

Ingredients

瑞可塔乳酪 300g、格拉娜帕達諾乳酪 5g
橄欖油 5g、胡椒 1g、香芹末 1g

1 將凝固的瑞可塔乳酪 (步驟3)，在熱騰騰的狀態下，使用鋪上棉布的圓形篩網去除水分後固定形狀。
2 翻面使圓圓的那一面朝上，再撒上用刨刀研磨的格拉娜帕達諾乳酪、胡椒、橄欖油和香芹末。
3 放進預熱至170°C的烤箱中烘烤約20分鐘。

焦糖洋蔥

大約570g • 冷藏保存2天

Caramelized Onions

在慢慢炒洋蔥的過程中產生的自然甜味,與巴薩米克醋濃縮的酸味相融合,創造出絕佳的風味。

Ingredients

洋蔥 500g
橄欖油 50g
白葡萄酒 10g
法式多蜜醬(demi-glace sauce) 30g
巴薩米克醋膏 5g
鹽 5g
胡椒 1g
迷迭香 1g

1 將洋蔥切成0.5cm寬的絲狀。
2 平底鍋均勻抹上橄欖油後,將步驟1的洋蔥加入鍋中拌炒。
　Tip 若在洋蔥上撒少許的鹽來拌炒,能幫助洋蔥出水而更容易焦糖化。
3 等待洋蔥開始沾黏鍋底時,慢慢倒入白葡萄酒,同時將洋蔥拌炒至呈現褐色。
4 倒入法式多蜜醬和巴薩米克醋膏,以中火拌炒約7分鐘左右。
5 用鹽和胡椒調味後,加入搗碎的迷迭香。

1

3

4

義式牛肉醬
Beef Ragù

大約3000g • 冷藏保存3天

義大利肉醬又稱為「波隆那肉醬（Bolognese）」，是指將肉、胡蘿蔔、洋蔥、芹菜等切碎後，經過長時間慢慢熬煮而成的醬汁。

Ingredients
洋蔥 500g
芹菜 300g
胡蘿蔔 300g
牛絞肉 1000g
紅葡萄酒 100g
蒜末 50g
番茄抹醬 1000g →參考p.40
鮮奶油 200g
奶油 50g
肉豆蔻 5g
迷迭香 5g
格拉娜帕達諾乳酪 50g
食用油 適量

1 將洋蔥、芹菜、胡蘿蔔切成0.5×0.5cm的大小。
2 將食用油均勻塗抹在平底鍋中，在拌炒牛絞肉的同時，分次倒入少量紅葡萄酒。
3 將步驟1的食材、蒜末加入鍋中，拌炒至洋蔥呈現透明狀，再加入番茄抹醬，持續煮40分鐘至沸騰。
4 將鮮奶油、奶油、肉豆蔻、迷迭香加入鍋中再多煮5分鐘左右，然後加入用刨刀磨碎的格拉娜帕達諾乳酪。

帕達諾乳酪脆片

大約20g · 常溫保存3天

Grana Padano Chips

用奶香味豐富的格拉娜帕達諾乳酪製作而成,擁有卓越的微鹹風味和酥脆口感。在本書中主要用來當作麵包料理的裝飾。

Ingredients
格拉娜帕達諾乳酪 20g

1 用刨刀將格拉娜帕達諾乳酪磨碎,在平底鍋鋪上薄薄的一層。
2 用小火加熱,直到乳酪稍微融化。
3 使用曲柄抹刀,小心地移動抹刀來切成想要的形狀或尺寸。
　Tip 與食品乾燥劑一起保存,使可以維持酥脆的口感。

1

2

3

培根脆片

10條 • 常溫保存3天

將味道濃郁、擁有誘人煙燻香的培根烤得酥脆後再去除油膩感,越嚼越香,鹹鹹的滋味堪稱一流,可以簡單地為早午餐、沙拉、義大利麵等料理增添風味與口感。

Ingredients
培根 10條

1 將培根並列排放在烤盤上,並疊上一個烤盤。
　Tip 建議使用厚度0.3cm的薄培根。
2 放進預熱至160°C的烤箱中,烘烤約15分鐘。
3 烤好後使用廚房紙巾去除油分。
　Tip 與食品乾燥劑一起保存,便可以維持酥脆的口感。

1

3

3
tip

蕈菇克羅斯提尼

大約590g ● 冷藏保存2天

Mushroom Crostini

帶有Q彈嚼勁的杏鮑菇丁，被柔軟的奶油乳酪包覆，同時散發著蕈菇的風味與香氣。將蕈菇克羅斯提尼加熱之後，口感風味會更佳。

Ingredients

杏鮑菇 500g
鹽 2g
胡椒 1g
橄欖油 10g
奶油乳酪 80g
松露油 5g
格拉娜帕達諾乳酪 5g

1 將杏鮑菇切成0.5×0.5cm的大小，再加入鹽、胡椒、橄欖油拌勻。
2 將杏鮑菇放入平底鍋中，用中火拌炒直至水分蒸發。
3 炒好的杏鮑菇放在廚房紙巾上冷卻後，加入奶油乳酪、松露油、用刨刀磨碎的拉格娜帕達諾乳酪，整體攪拌均勻。
　Tip 若加入其他種類的蕈菇，能夠品嚐到更豐富的味道和口感。
　Tip 將布里乳酪切碎後加入，可以增添濃郁又柔軟的風味。

蛋沙拉

大約1600g · 常溫保存3天

將細切的醃黃瓜醃製成有甜味後,與雞蛋、馬鈴薯等一同製作成口感清脆、濕潤又柔軟的蛋沙拉。不管搭配質地軟嫩的麵包,或是很有嚼勁的麵包都很適合。

Ingredients

雞蛋 1000g
馬鈴薯 200g
醃黃瓜 200g
細砂糖 50g
美乃滋 200g
芥末籽醬 10g
鹽 10g
胡椒 10g

1 將雞蛋和馬鈴薯煮熟後輕輕搗碎。
   Tip 將冷藏的雞蛋放在室溫中30分鐘以上,注意不要讓蛋殼碎掉。接著將雞蛋放入添加了鹽和食用醋的沸水中煮12分鐘左右,再放進冰塊水中冷卻。
   Tip 馬鈴薯先用大火煮約5分鐘,再用中火煮20分鐘左右,然後冷卻至溫度下降。
2 將醃黃瓜切成0.5×0.5cm的大小,再用細砂糖醃製。
   Tip 也可以將醃黃瓜用攪拌機打碎後使用。
3 將搗碎的雞蛋與馬鈴薯、醃黃瓜、美乃滋、芥末籽醬、鹽以及胡椒,全部攪拌在一起。

1

2

3

酪梨醬

大約1000g • 冷藏保存1天

Guacamole

在綿密軟嫩且香氣濃郁的酪梨中,加入洋蔥、番茄、小黃瓜、萊姆汁等製成的墨西哥風格醬料。適合用來搭配脂肪含量低的沙拉和海鮮。

Ingredients

紫洋蔥 100g
番茄 150g
小黃瓜 150g
香菜 20g
酪梨 5個
萊姆汁 30g
鹽 5g
胡椒 1g

1 將紫洋蔥、去籽番茄和小黃瓜切成0.5×0.5cm的大小。
2 將香菜切除莖梗後,把葉片部分切成碎末。
3 將酪梨去皮、去籽後搗碎。
4 在搗碎的酪梨中加入步驟1、2的食材,以及萊姆汁、鹽、胡椒,攪拌均勻。
   Tip 酪梨與空氣接觸時容易發生褐變,因此製作完成後要用保鮮膜密封表面來保存。

手撕豬肉

Pulled Pork

大約1200g • 冷藏保存2天

將市售的手撕豬肉加入BBQ醬料和香料後重新烹飪製成的餡料。其特點是口感柔軟、味道清爽。

Ingredients

手撕豬肉（市售產品）1000g
BBQ醬汁 120g
水 120g
迷迭香 2g
胡椒 1g
食用油 適量

1 將食用油均勻塗抹在平底鍋中，拌炒手撕豬肉約3分鐘左右。
2 將BBQ醬汁和水加入鍋中拌炒約5分鐘。
3 關火後，加入迷迭香和胡椒攪拌均勻。
   Tip 迷迭香可以為手撕豬肉增添獨特的風味，於加熱完畢的最後再添加。

DRESSING&SAUCE 沙拉醬&醬料

Dressing

芒果沙拉醬

大約1300g • 冷藏保存3天

用芒果的香甜味道與金桔和檸檬的清爽酸味結合而成的沙拉醬，很適合搭配海鮮或者含有大量脂肪的酪梨食用。

Ingredients
芒果果泥 250g、金枯原汁 130g
檸檬汁 50g、香橙原汁 180q
法式第戎芥末醬 30g
蜂蜜 70g、鹽 10g
純橄欖油 600g

1 將純橄欖油以外的所有食材用手持攪拌機攪拌。
  Tip 芒果果泥可以用石榴果泥、藍莓果泥等替代。

2 慢慢地倒入純橄欖油，同時用手持攪拌機攪拌均勻。

Sauce

蟹味醬

大約598g • 冷藏保存3天

此醬料主要搭配蟹肉食用。由於添加了擁有清新香味和明顯酸味的柳橙皮屑，讓醬料的清爽風味變得更加出色。

Ingredients
美乃滋 400g
芝麻沙拉醬 120g
飛魚子 50g
柳橙皮屑 3顆分量
七味粉 15g
芝麻油 10g

1 將所有食材混合均勻。
  Tip 飛魚子解凍後，應儘量去除水分，便可以減少魚腥味。

檸檬醬

大約350g • 冷藏保存3天

以清爽的檸檬和香味濃郁的美乃滋為基底，調製出很適合搭配海鮮食用的特色醬料。

Ingredients
美乃滋 300g
細砂糖 30g
檸檬 1顆

1 將美乃滋、細砂糖、用刨刀磨下的檸檬皮屑，以及剩下檸檬榨出的檸檬汁，均勻混合。
  Tip 使用新鮮檸檬來製作，而非使用市售檸檬汁、檸檬皮屑，如此能讓檸檬原有的新鮮香氣更加鮮明。除了檸檬之外，也可以使用其他柑橘類水果，例如萊姆、香橙、柳橙、葡萄柚等。

2

1

1

SPREAD 抹醬

Smooth

### 胡桃奶油乳酪抹醬	### 蘑菇抹醬	### 鷹嘴豆泥抹醬
大約1995g • 冷藏保存3天	660g • 冷藏保存3天／冷凍保存30天	大約746g • 冷藏保存3天

Ingredients
胡桃 110g
奶油乳酪 1360g
鮮奶油 400g
檸檬皮屑 20g
檸檬汁 50g
鹽 5g、細砂糖 50g

1 將胡桃放進預熱至160℃的烤箱中烘烤約15分鐘，再搗碎成0.5×0.5cm的大小。
  Tip 若要搗碎大量的胡桃，可放進塑膠袋中，用擀麵棍搗碎，但留意不要弄成太小的顆粒。
2 將胡桃碎和其他所有食材混合在一起。
  Tip 奶油乳酪在使用前30分鐘先從冰箱取出放置室溫下，使其質地軟化。
  Tip 抹醬完成後裝進擠花袋中保存，使用起來更為方便。

Ingredients
牛奶 300ml
鮮奶油 70g
奶油炒麵糊 35g →參考p.26
鹽 2g
蘑菇醬 230g
松露油 4g

1 在鍋中放入牛奶、鮮奶油、奶油炒麵糊和鹽，以中火持續攪拌約8分鐘，將奶油炒麵糊攪拌開來、毫無結塊。
  Tip 在使用冰的奶油炒麵糊時，可以用刀切削後放入，這樣就可以輕鬆攪拌開來。
2 放入蘑菇醬，用打蛋器攪拌以避免沾鍋，持續攪拌至濃度變稠為止。
3 等煮到沸騰後關火，再將松露油加進去拌勻。
  Tip 如果大量製作後進行分裝冷凍保存，就可以在需要時隨時取用，非常方便。

Ingredients
鷹嘴豆罐頭 480g
檸檬汁 100g
芝麻醬 100g
蒜末 10g
特級初榨橄欖油 50g
鹽 5g、孜然 1g

1 用清水將鷹嘴豆清洗乾淨，然後過篩瀝乾水分。
2 將鷹嘴豆、檸檬汁、芝麻醬、蒜末放入食物調理機中研磨。
  Tip 鷹嘴豆容易變質，因此在調整濃度時，要加入少許冰塊而非加入水。將冰塊加進食物調理機中研磨時，可以冷卻機器啟動時產生的熱能，以避免食材腐敗。
3 加入特級初榨橄欖油、鹽、孜然之後，再充分攪拌一次。
  Tip 在製作沾醬型態時，若稍微添加一點甜椒粉、特級初榨橄欖油、義大利香芹，可以讓味道更美味。

蒔蘿抹醬

大約655g • 冷藏保存3天

Ingredients
辣根 50g、蒔蘿 10g
酸奶油 500g
鮮奶油 50g
檸檬汁 10g
細砂糖 30g、鹽 5g

1 將辣根的水分去除。
2 從蒔蘿的根莖摘下葉子，將葉子搗碎。
3 將步驟1、2以及其他食材放入食物調理機中，攪拌均勻。
　Tip 若用打發後的鮮奶油來代替酸奶油，味道會更加柔順清爽。

羅勒奶油乳酪抹醬

大約1800g • 冷藏保存3天

Ingredients
羅勒青醬 300g
奶油乳酪 1360g
鮮奶油 200g

1 盡量去除羅勒青醬的油脂。
2 將所有食材混合在一起。
　Tip 將奶油乳酪在使用前30分鐘放置於室溫下，使其質地軟化。

奇波雷煙燻辣椒抹醬

大約1180g • 冷藏保存3天

Ingredients
萊姆 2個、奇波雷煙燻辣椒 340g
美乃滋 800g
鹽 5g、胡椒 1g

1 使用刨刀削出萊姆皮屑，再將剩下的萊姆切半，榨出汁來。
　Tip 在製作奇波雷煙燻辣椒抹醬時，特地个使用市售萊姆汁、萊姆皮屑，而是使用新鮮萊姆來製作，以突顯特有的異國香氣。
2 將奇波雷煙燻辣椒使用食物調理機攪拌研磨。
3 再將步驟1、美乃滋、鹽和胡椒加進去攪拌均勻。

優格抹醬

大約1502g • 冷藏保存3天

Ingredients
希臘優格 907g
優格沙拉醬 500g
檸檬皮屑 20g、檸檬汁 40g
細砂糖 20g、鹽 15g

1 將所有食材混合均勻。
　Tip 用柑橘類的其他水果來代替檸檬皮屑、檸檬汁也很美味。

Savory

番茄抹醬

大約3360g • 冷藏保存3天

Ingredients
洋蔥 250g、大蒜 70g
特級初榨橄欖油 100g
鹽 20g
去皮整顆番茄罐頭 2.5kg
番茄糊 400g
羅勒葉 20g

1 將洋蔥與大蒜切成0.5×0.5cm
  大小。
2 將橄欖油倒入鍋中,再加入步
  驟1、鹽,以小火拌炒。
  Tip 若在炒洋蔥時添加鹽,洋蔥
  的水分就會流出,能避免燒焦。
3 將洋蔥炒熟至顏色呈現透明,
  再加入罐頭番茄和番茄糊,以
  小火煮大約1個小時,留意不要
  煮到燒焦。
4 關火後,用手持攪拌棒攪拌均
  勻,再加入整片羅勒葉,以增
  添香味。
  Tip 等抹醬冷卻後,再將羅勒葉
  撈出來。

辣味抹醬

大約1216g • 冷藏保存3天

Ingredients
美乃滋 700g
甜辣椒醬 435g
辣椒粉 20g、檸檬汁 35g
細砂糖 15g、鹽 10g、胡椒 1g

1 將所有食材混合均勻。
  Tip 必須充分攪拌,防止辣椒粉
  結塊。

BBQ抹醬

大約2090g • 冷藏保存3天

Ingredients
美乃滋 1500g
BBQ 醬汁 520g
檸檬汁 70g

1 將所有食材混合均勻。
  Tip 廉價的BBQ醬汁酸味太濃、
  較不美味。即使價格稍微貴一
  點,還是建議用優質的醬料。

羅勒抹醬

大約800g • 冷藏保存3天

Ingredients
羅勒青醬 600g
鮮奶油 200g
格拉娜帕達諾乳酪 10g
胡椒 2g

1 盡量將羅勒青醬的油脂去除,
  然後將所有食材攪拌均勻。

顆粒芥末抹醬

大約1340g • 冷藏保存3天

Ingredients
美乃滋 1000g
芥末籽醬 300g
蜂蜜 40g

1 將所有食材混合均勻。
  Tip 可以根據個人喜好或用途添
  加蜂蜜來調整甜味。

橄欖抹醬

大約866g • 冷藏保存3天

Ingredients
橄欖罐頭 600g
香芹 50g
蒜末 50g
酸豆 30g
特級初榨橄欖油 100g
檸檬汁 30g
鹽 5g
胡椒 1g

1 將橄欖去除水分。
2 將香芹的葉子部分取下，然後
  切碎。
3 將步驟1、2以及其他所有食材
  加入食物調理機中，攪拌至仍
  可見到食材顆粒的程度。

烤肉抹醬

大約1270g • 冷藏保存3天

Ingredients
美乃滋 1000g
烤肉醬 200g
蒜末 30g
芝麻油 10g
細砂糖 30g

1 將所有食材攪拌均勻。

包飯抹醬

大約1270g • 冷藏保存3天

Ingredients
美乃滋 1000g
韓式包飯醬 200g
細砂糖 20g、蒜末 30g
辣椒粉 10g
芝麻油 10g

1 將所有食材攪拌均勻。

豆瓣抹醬

大約1250g • 冷藏保存3天

Ingredients
美乃滋 1000g
豆瓣醬 200g
辣椒粉 5g
辣椒油 10g、細砂糖 40g

1 將所有食材攪拌均勻。
  Tip 只要調整辣椒粉、辣椒油的
  分量，即可調節辣度。

是拉差辣椒抹醬

大約1050g • 冷藏保存3天

Ingredients
美乃滋 1000g
是拉差辣椒醬 30g
魚露 10g
細砂糖 10g

1 將所有食材攪拌均勻。
  Tip 把青陽辣椒切碎後加入，可
  以增添更新鮮的辣味。

[製作出高完成度的麵包料理的提示]

1 在使用作為表層配料、內餡或裝飾的生菜、香草前，請先洗淨並盡量去除水分。

2 為了調配出最理想的味道，請正確遵守主食材、抹醬和醬料等會左右味道的材料分量。

3 在食譜配方中的鹽、胡椒、食用油等食材，若標註為「適量」時，鹽、胡椒通常會使用以拇指和
  食指尖捏起的分量（一小撮），食用油、橄欖油則大約使用2/3大匙（10mL）。

4 列在食譜配方中的食材，若沒有在「基礎配料食譜」中介紹到，基本上均採用便利的市售產品。

몽핀 퀴진브레드 안내

몽핀에서 만든 조리빵은
신선한 제품이므로
구입 후 냉장보관해주시고
가급적 빨리 드시는걸 권장드립니다

CUISINE BREAD RECIPES

———— 麵包料理
美味食譜

5 食譜都是設計成一個成品的分量,請依個人製作需求調整食材用量。

6 書中收錄的十種麵包製法,主要為營業用配方與作法。攪拌機與烤箱也是商用型的專業設備,
 因此如果是家庭烘焙者,須依實際需求調整配方用量,以及烘焙火力與時間。麵團發酵時基本
 上是使用發酵箱,如家中沒有,請準備溫度計與濕度計,再依情況調整發酵時間。

7 麵包部分也可以直接到烘焙店購買,挑選相似口感的麵包,再根據書中介紹的料理做搭配。

CIABATTA
BRIOCHE
PASTRY

用巧布千做

達巴里層做

歐酥理料

巧巴達

作為義大利代表性的麵包，雖然形狀看起來很粗糙，但口感很軟嫩且有嚼勁，味道也清淡，因此備受大眾喜愛。為了整體料理的協調性，在這裡以高溫短時烤製出水潤的口感，也為了能放上豐盛的食材，特意製作成扁平的形狀。

CIABATTA

分量12個

Poolish
Two stars 高筋麵粉 100g
水 100g
新鮮酵母 1g

Dough
Two stars 高筋麵粉 400g
水A 325g
波蘭液種（Poolish）全部分量
新鮮酵母 3g

蓋朗德海鹽 9g
水B 50g
橄欖油 50g

Match
煙燻鴨肉、火腿等口感
清淡的加工肉類・蔬菜
・乳酪

directions

1
製作波蘭液種（Poolish）：將新鮮酵母加入水中拌開，再將麵粉加入攪拌，在溫度30°C的環境下發酵1小時。

directions

2
製作麵團：將麵粉和水A加入攪拌盆中，用攪拌機第一段攪拌3分鐘，然後靜置休息20分鐘。
→水合法

directions

3
加入新鮮酵母和波蘭液種，用第二段攪拌5分鐘，然後依序加入鹽、水B、橄欖油，繼續攪拌8分鐘，最後用第一段攪拌1分鐘以整理麵團。

→麵團溫度24°C

directions

4
將麵團放置室溫下發酵30分鐘後，排氣、摺疊。

directions

5
置於溫度4°C的冰箱中，低溫發酵12小時。

directions

6
在工作台上均勻撒麵粉（食譜以外的分量），讓麵團光滑的那一面朝向桌面放置，再稍微拉伸麵團，使麵團的厚度均一。

directions

7
將麵團分割成每個80g，擺放在烤盤紙上。

directions

8
在溫度34°C的環境下發酵30分鐘後，將橄欖油（食譜以外的分量）塗在麵團上，用指尖按壓，使面積增大到15×8cm的大小。

directions

9
將麵團放進預熱至上層火290°C、下層火260°C的電烤層爐，烘烤3分鐘左右即可取出，再塗抹一次橄欖油。

MONPIN TIP

1 波蘭液種（Poolish）：屬於代表性的「前置麵團」，可以延緩麵團的氧化並使麵團更加穩定。
2 水合法（Autolyse）：在主麵團製作之前，將麵粉和水混合攪拌，靜置一段時間使水分子充分進入小麥蛋白裡，進而形成麵筋的方法。可以增加麵團的彈性，有助於麵包爐內膨脹（oven spring），並提高麵包風味。
8 在用手壓麵團、延展面積時，也要同時保持厚度的一致性，並讓氣體均勻地排出。

Ciabatta

TOMATO&
MOZZARELLA CHEESE

番茄莫札瑞拉乳酪巧巴達

這款麵包料理是以口感清爽、新鮮的卡普雷塞（Caprese）風格製作而成。
搭配色彩繽紛的小番茄、羅勒葉，還有口感酥脆的乳酪脆片，讓視覺和味蕾都能夠得到十足的享受。

Ingredients · Directions

Prepare
小番茄 5個
細砂糖 3g
橄欖油 5g
檸檬皮屑 3g
新鮮莫札瑞拉乳酪 65g

Finish
巧巴達 1個
番茄抹醬 30g →參考p.40
羅勒葉 3g
帕達諾乳酪脆片 10g →參考p.31
巴薩米克醋珍珠 5g

準備

1 將小番茄切半，放入預熱至120℃的烤箱中烘烤約20分鐘。
   Tip 為了增加顏色的豐富度，可以使用不同顏色的小番茄。

2 將細砂糖、橄欖油、檸檬皮屑和烤過的小番茄一起攪拌均勻。
   Tip 在烤好的番茄上添加檸檬皮屑，可以補足番茄所缺乏的酸味，同時增添檸檬的清新香氣。
   Tip 若在小番茄中加鹽調味，會使其變得軟爛，因此不需要添加鹽。

3 將新鮮莫札瑞拉乳酪切成1.5×1.5cm的方塊狀。

組合 · 裝飾

1 在巧巴達麵包邊緣保留1cm的空間，其他部分均勻地塗上番茄抹醬。

2 依序放上小番茄、莫札瑞拉乳酪。

3 最後放上羅勒葉、切成2×2cm大小的帕達諾乳酪脆片和巴薩米克醋珍珠即完成。
   Tip 可以用巴薩米克醋膏代替巴薩米克醋珍珠。

準備
1

組合 · 裝飾
3

49

BAKED RICOTTA CHEESE

烤瑞可塔乳酪巧巴達

在軟綿的烤瑞可塔乳酪上添加蔬菜、胡桃和香甜的楓糖漿，並利用香草提升整體風味。
這款麵包料理香氣濃郁且口感清爽，讓任何人都能輕鬆愉悅地品味，毫無負擔。

Ingredients · Directions

Prepare
綠捲鬚生菜 20g
韭菜 20g
蒔蘿 5g
車窩草 5g
烤瑞可塔乳酪 60g →參考p.28
胡桃 5g

Finish
巧巴達 1個
胡桃奶油乳酪抹醬 70g →參考p.38
蔓越莓乾 5g
楓糖漿 5g

準備

1 綠捲鬚生菜的葉子部分切成3cm長度。

2 韭菜切成3cm長度。

3 蒔蘿和車窩草剪下葉子部分。

4 將烤瑞可塔乳酪切成楔形。

5 將胡桃放進預熱至160°C的烤箱中烘烤約15分鐘。

組合·裝飾

1 在巧巴達麵包邊緣保留1cm的空間，其他部分均勻地塗上胡桃奶油乳酪抹醬，然後放上蔓越莓乾。

2 均勻地放上綠捲鬚生菜、韭菜、蒔蘿和車窩草，再放上烤瑞可塔乳酪。
Tip 可以用水芹菜、茴芹、香芹等當季葉菜替代。

3 最後放上胡桃、淋上楓糖漿即完成。

準備 4

組合·裝飾 2

Ciabatta
ROASTED VEGETABLES
烤蔬菜巧巴達

新鮮蔬菜生吃也很美味，但如果加入少量的油來拌炒或烤熟，可以品嚐到完全不同的口感和風味。
這款麵包料理連奶蛋素食者（Lacto）都可以盡情享用，既美味又健康。

Ingredients · Directions

Prepare
櫛瓜 25g
茄子 25g
甜椒 25g
食用油 適量
鹽 適量
胡椒 適量

Finish
巧巴達 1個
羅勒抹醬 20g →參考p.40
巴薩米克醋膏 2g
瑞可塔乳酪 15g →參考p.28
酸模 1g
杏仁片 1g

準備

1 將去籽的櫛瓜、茄子、甜椒切成1×1cm大小。

2 平底鍋內均勻倒入食用油，然後加入切好的蔬菜、鹽和胡椒，拌炒約5分鐘左右。

組合·裝飾

1 在巧巴達麵包邊緣保留1cm的空間，其他部分均勻地塗上羅勒抹醬，再灑上巴薩米克醋膏。

2 放上炒好的蔬菜後，再一點一點地捏下瑞可塔乳酪，擺放在蔬菜上方。

3 最後放上酸模、杏仁片即完成。

準備 2

組合·裝飾 2

Ciabatta
SHRIMP&AVOCADO
鮮蝦酪梨巧巴達

將味道清爽的巧巴達搭配新鮮生菜與蔬菜，以及拌入酸甜芒果沙拉醬的蝦仁，
還有富含植物性蛋白質的藜麥，這是一道色香味及營養俱全的菜色。

Ingredients · Directions

Prepare
蝦仁 2隻
芒果沙拉醬A 5g →參考p.37
紫洋蔥 5g
甜椒 10g
小黃瓜 10g
藜麥 30g
芒果沙拉醬B 5g
酪梨 1/4顆
鹽 適量
檸檬汁 適量

Finish
巧巴達 1個
優格抹醬 30g →參考p.39
綠捲鬚生菜 5g
粉紅胡椒 1g
香芹末 1g

準備

1 將蝦仁汆燙後切成兩半，用芒果沙拉醬A拌勻。
   Tip 在沸水中加入鹽與檸檬汁，將蝦子汆燙至全熟。

2 將紫洋蔥、去籽的甜椒和小黃瓜切成0.5×0.5cm大小。

3 將藜麥放進加入少許鹽與檸檬汁的水中，煮12分鐘左右。
   Tip 藜麥煮熟後不用沖冷水，而是用飯勺翻拌讓熱氣流出來冷卻。

4 均勻攪拌步驟2、3的食材，然後拌入芒果沙拉醬B。

5 將酪梨去皮、去籽，斜切成三等分的楔形。

組合 · 裝飾

1 在巧巴達麵包邊緣保留1cm的空間，其他部分均勻地塗上優格抹醬，然後均勻地放上與藜麥混合的蔬菜。

2 交叉擺上蝦仁和酪梨，在間隔之間添加綠捲鬚生菜。

3 最後撒上用手捏碎的粉紅胡椒和香芹末即完成。

準備 3 tip

準備 4

Ciabatta
HUMMUS&VEGETABLES
鷹嘴豆泥蔬菜巧巴達

中東的鄉土飲食「HUMMUS」是將鷹嘴豆搗碎、加入橄欖油與芝麻醬製成的抹醬，
滿滿地塗抹在有嚼勁的巧巴達上，再搭配新鮮清脆的蔬菜，吃起來清爽又可口。

Ingredients · Directions

Prepare

櫻桃蘿蔔 25g
白花椰菜 20g
青花菜 20g
蘆筍 20g
抱子甘藍 20g
小番茄 2個
橄欖油 適量
鹽 適量
胡椒 適量

Finish

巧巴達 1個
鷹嘴豆泥抹醬 60g →參考p.38
甜椒粉 1g
綠捲鬚生菜 3g
酸模 1g
特級初榨橄欖油 少許

準備

1 將櫻桃蘿蔔切成四等分。

2 將白花椰菜、青花菜的花梗削去外皮後，分切成小朵。
   Tip 白花椰菜和青花菜一朵的分量都很大，所以要在汆燙前就先切成差不多
   的大小，才能均勻地燙熟。

3 將切掉根部的蘆筍和白花椰菜、青花菜、抱子甘藍放入沸水中汆燙約1
   分鐘後，再浸泡於冰塊水中冷卻。

4 汆燙過的蘆筍斜切成5cm長度，抱子甘藍則切成四等分。
   Tip 抱子甘藍要先汆燙過再切開，這樣葉子才不會掉落或裂開。

5 將小番茄縱向切成兩半或1/4大小。

6 將處理好的蔬菜加入橄欖油、鹽、胡椒，一同攪拌均勻。

組合 · 裝飾

1 在巧巴達麵包邊緣保留1cm的空間，其他部分均勻地塗上鷹嘴豆泥抹
   醬，然後撒上甜椒粉。

2 均勻地放上拌好油的蔬菜，然後配上綠捲鬚生菜、酸模。

3 最後灑上特級初榨橄欖油即完成。

準備 4

準備 6

JAMBON&GARLIC STEM
法式火腿蒜苔巧巴達

結合了輕微香辣又脆爽的蒜苔和鹹香的法式火腿，
再搭配辛辣的芥末籽醬，打造出讓人瞬間胃口大開的滋味。

Ingredients · Directions

Prepare

綠捲鬚生菜 20g
韭菜 20g
蒔蘿 5g
車窩草 5g
櫻桃蘿蔔 5g
蒜苔 10g
食用油 適量
鹽 適量
胡椒 適量

準備

1 將綠捲鬚生菜的葉子部分剪成3cm長度。

2 韭菜切成3cm長度。

3 蒔蘿和車窩草只剪下葉子部分。

4 櫻桃蘿蔔切成厚度0.1cm的薄片。

5 蒜苔斜切成5cm長度，加進倒入食用油的平底鍋中，用鹽、胡椒調味後
拌炒。
Tip 蒜苔可以用蘆筍、青花菜等有嚼勁的綠色蔬菜替代。

Finish

巧巴達 1個
顆粒芥末抹醬 20g →參考p.40
酸模 1g
法式火腿 60g

組合 · 裝飾

1 在巧巴達麵包邊緣保留1cm的空間，將其他部分均勻地塗上顆粒芥末抹
醬。

2 均勻地放上綠捲鬚生菜、韭菜、蒔蘿、車窩草和酸模。
Tip 生菜類可以用水芹、山芹菜等其他當季葉菜替代。

3 將法式火腿摺疊後排成一列，最後放上櫻桃蘿蔔、蒜苔即完成。

準備
5

組合 · 裝飾
3

ROASTED MUSHROOM

烤蕈菇巧巴達

不同種類的蕈菇擁有不同的風味和口感，一併使用時，味道更加協調且出色。
在烤蕈菇的豐富味道中，再添加酸甜的巴薩米克醋，使整體美味度更升級。

--- **Ingredients · Directions** ---

Prepare

杏鮑菇 25g
蘑菇 25g
香菇 25g
鹽 適量
胡椒 適量
食用油 適量
松露油 1g
巴薩米克醋膏 5g
格拉娜帕達諾乳酪 10g

Finish

巧巴達 1個
蘑菇抹醬 20g →參考p.38
焦糖洋蔥 15g →參考p.29
蕈菇克羅斯提尼 20g →參考p.33
格拉娜帕達諾乳酪 適量
香芹末 1g
車窩草 1g

準備

1 將杏鮑菇縱切四等分，再切成3cm長度。

2 將蘑菇切片。

3 將香菇柄切除後，菇傘部分切成2×2cm大小。

4 在倒入食用油的平底鍋中，加入處理好的蕈菇，然後用鹽和胡椒調味，以大火拌炒4分鐘。

5 等蕈菇炒好、散熱後，即可將松露油、巴薩米克醋膏和刨碎的格拉娜帕達諾乳酪加入拌勻。

組合 · 裝飾

1 在巧巴達麵包邊緣保留1cm的空間，其他部分均勻地塗上蘑菇抹醬，然後放上焦糖洋蔥。
Tip 焦糖洋蔥可以用巴薩米克醋替代。

2 將綜合炒蕈菇均勻地擺放在焦糖洋蔥上方。

3 將蕈菇克羅斯提尼在中間排成一列，然後撒上用刨刀磨碎的格拉娜帕達諾乳酪，再用噴槍炙燒上色。
Tip 蕈菇克羅斯提尼可以用奶油乳酪替代。

4 再撒上一次格拉娜帕達諾乳酪，最後放上香芹末和車窩草即完成。

準備 4

組合 · 裝飾 3

Ciabatta
EGG SALAD&CHEDDAR CHEESE
蛋沙拉切達乳酪巧巴達

將清脆的醃黃瓜醃製成甜甜的風味，再用來製成口感濕潤又鬆軟的蛋沙拉，
搭配上微鹹的切達乳酪，一款符合大眾口味的麵包料理就完成了！

──── **Ingredients · Directions** ────

Finish

巧巴達 1個
顆粒芥末抹醬 20g →參考p.40
蛋沙拉 130g →參考p.34
切達乳酪 1/2片
香芹末 1g

組合 · 裝飾

1 在巧巴達麵包邊緣保留1cm的空間，其他部分均勻地塗上顆粒芥末抹醬，然後放上蛋沙拉。

2 中間放上切達乳酪，用噴槍炙燒上色。

3 最後撒上香芹末即完成。

組合 · 裝飾 1

組合 · 裝飾 2

Ciabatta
SMOKED DUCK BREAST
煙燻鴨胸巧巴達

厚實的煙燻鴨胸烤得清爽無油膩，而柳橙果肉口感極佳，咬下時香氣便在口中散開。
鴨肉和柳橙的完美結合，打造出互補且清新的滋味。

Ingredients · Directions

Prepare

煙燻鴨胸 100g
食用油 適量
柳橙 30g

Finish

巧巴達 1個
優格抹醬 20g →參考p.39
野生芝麻菜 20g
迷迭香 5g

準備

1 將食用油均勻倒入平底鍋中，將煙燻鴨胸肉煎至正反面皆呈現金黃色，然後切成厚度0.5cm的片狀。

2 用刀將柳橙切去外皮後，避開果肉的白色纖維部分，一片片挑出果肉。

組合 · 裝飾

1 在巧巴達麵包邊緣保留1cm的空間，其他部分均勻地塗上優格抹醬，然後放上野生芝麻菜。

2 交替擺放煙燻鴨胸和柳橙，最後放上迷迭香即完成。

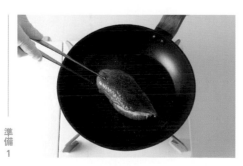

準備
1

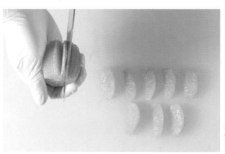

準備
2

PULLED PORK&BROCCOLINI

手撕豬肉花椰菜苗巧巴達

在微鹹的手撕豬肉中添加鮮嫩翠綠的花椰菜苗，使得紫洋蔥的清脆口感和甜味更加突出。
在感到疲憊的午餐時光，用這款麵包料理帶來滿滿活力！

Ingredients · Directions

Prepare
花椰菜苗 30g
鹽 適量
食用油 適量
紫洋蔥 25g

Finish
巧巴達 1個
BBQ抹醬 20g →參考p.40
手撕豬肉 85g →參考p.36
格拉娜帕達諾乳酪 適量
碎紅辣椒 1g

準備

1 將花椰菜苗的花梗剪成7cm長度，再放入添加了鹽的沸水中汆燙大約1分鐘。

2 將花椰菜苗的水分瀝乾後，加入均勻抹上食用油的平底鍋中，用大火煎1分鐘左右。

3 將紫洋蔥切成厚度0.3cm的圓圈，再浸泡冷水以去除辛辣味。

組合 · 裝飾

1 在巧巴達麵包邊緣保留1cm的空間，其他部分均勻地塗上BBQ抹醬，再依序放上紫洋蔥、手撕豬肉。

2 撒上用刨刀磨碎的格拉娜帕達諾乳酪以及碎紅辣椒，最後放上花椰菜苗即完成。

準備
2

組合 · 裝飾
2

布里歐

布里歐屬於法國「維也納甜酥麵包（Viennoiseries）」其中一個品項。特色是添加大量的奶油、牛奶、細砂糖和蛋來製作，質地柔軟、風味超群。相較於一般的布里歐麵包，本食譜增加了奶油和細砂糖的含量，可以長時間維持濕潤的口感，與各種食材完美結合。

BRIOCHE
分量14個

Dough

高筋麵粉 500g	高糖乾酵母 10g	牛奶 225g
細砂糖 100g	全蛋 75g	無鹽奶油 175g
脫脂奶粉 15g	蛋黃 50g	鹽 9g

Match

海鮮・蔬菜等清淡食材

1

將除了奶油、鹽以外的所有食材放入攪拌盆中攪拌均勻。

2

用攪拌機第一段攪拌1分鐘,再用第二段攪拌7分鐘,充分攪拌至毫無粉末殘留。

3

將奶油與鹽分別加入,用第二段攪拌10分鐘,最後用第一段攪拌1分鐘,直到奶油充分融入麵團。
→麵團溫度24℃

4

置於溫度4℃的冰箱中,低溫發酵12個小時。

5

取出放置室溫下,使麵團升溫,然後將麵團的光滑面朝上,分割成每個20g。
→麵團溫度15℃

6

將麵團整形成圓形,在室溫下靜置15分鐘。

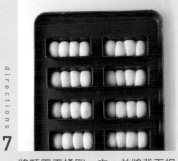

7

將麵團再揉圓一次,並將背面捏緊。在13.5×6×4.5cm的烤模中,一格放入四球麵團,在溫度28℃的環境下發酵30-40分鐘。

8

當麵團的面積膨脹到1.5倍大時,用剪刀將麵團中心剪開,然後將裝在擠花袋中的膏狀奶油(食譜以外的分量)擠進去,再撒上珍珠糖(食譜以外的分量)。

9

將麵團放進預熱至165℃的對流式烤箱中,烘烤13分鐘。

MONPIN TIP

1 如果布里歐的麵團溫度過高,可能會導致奶油融化,攪拌時請多加留意溫度。

ROASTED VEGETABLES
烤蔬菜布里歐

以多種燒烤或拌炒的蔬菜組合而成，能品嚐到每種蔬菜獨有的味道與香氣。
剖開的迷你彩椒中填滿了蕈菇克羅斯提尼，更增添了一股奢華感。

Ingredients · Directions

Prepare

迷你彩椒 1/2個
鹽 適量
胡椒 適量
橄欖油 適量
蕈菇克羅斯提尼 15g →參考p.33
格拉娜帕達諾乳酪 適量
栗子南瓜 10g
櫛瓜 15g
甜椒 15g
茄子 15g
食用油 適量

Finish

布里歐 1個
胡桃奶油乳酪抹醬 10g →參考p.38
羅勒抹醬 5g →參考p.40
巴薩米克醋膏 2g
香芹末 1g

準備

1 將迷你彩椒縱向對切後去籽，撒上鹽、胡椒、橄欖油，放入預熱至180℃的烤箱中烘烤4分鐘左右。

2 將蕈菇克羅斯提尼包入烤好的迷你彩椒中，撒上用刨刀磨碎的格拉娜帕達諾乳酪，然後用噴槍炙燒上色。

3 將栗子南瓜去籽後，切成楔形，然後撒上鹽、胡椒、橄欖油，放進預熱至180℃的烘箱中烘烤10分鐘左右。
  Tip 在烤盤上撒少許水分，即可烤出表面酥脆、內裡溼潤的南瓜。

4 將去籽的櫛瓜、甜椒、茄子切成1×1cm大小。

5 在倒入食用油的平底鍋中放入切好的蔬菜，撒上鹽和胡椒，拌炒大約5分鐘左右。

組合·裝飾

1 在布里歐的中央畫一刀，深度約為2/3。

2 擠花袋中裝入胡桃奶油乳酪抹醬，在畫出的刀痕上擠滿一條直線，然後在上面塗上羅勒抹醬、灑上巴薩米克醋膏。
  Tip 擠上胡桃奶油乳酪抹醬，可以補足蔬菜所缺乏的豐富風味。

3 將炒好的蔬菜填進布里歐中間，再放上炙燒過的迷你彩椒和烤好的栗子南瓜，最後撒上香芹末即完成。

準備 2

準備 5

Brioche
SMOKED SALMON
煙燻鮭魚布里歐

在質地柔軟的布里歐放上香氣濃郁的胡桃奶油乳酪醬、富含omega-3的煙燻鮭魚，
以及添加隱約中散發清爽辣根味的清香蒔蘿，美味又健康的早午餐餐點就完成囉！

--- Ingredients · Directions ---

Prepare
紫洋蔥 10g
煙燻鮭魚 60g
成熟酸豆 2顆
紅蔥（shallot）3g

Finish
布里歐 1個
胡桃奶油乳酪抹醬 10g →參考p.38
蒔蘿抹醬 5g →參考p.39
蒔蘿 2g

準備

1 將紫洋蔥切成寬度0.3cm的細絲，浸泡冷水以去除辛辣味。

2 用手抓住煙燻鮭魚的尾部，將其捲成圓形、做出造型。

3 將成熟酸豆切成兩半。

4 將紅蔥切成厚度0.2cm的圓片。

組合·裝飾

1 在布里歐的中央畫一刀，深度約為2/3。

2 擠花袋中裝入胡桃奶油乳酪抹醬，在畫出的刀痕上擠滿一條直線，然後在上面塗抹蒔蘿抹醬。

3 接著放上徹底去除水分的紫洋蔥，再將做好造型的煙燻鮭魚排成一列。

4 放上成熟酸豆、紅蔥、蒔蘿，最後將蒔蘿抹醬裝入醬料罐中，在多處擠出水滴狀即完成。

準備 2

組合·裝飾 4

Brioche
SHRIMP&AVOCADO
鮮蝦酪梨布里歐

將蝦仁和酪梨這夢幻組合，再加上淋了醬汁的蟹肉棒、香辣的辣味抹醬，風味非常飽滿，
這是「Monpin」最受歡迎的商品之一。

Ingredients · Directions

Prepare

蝦仁 4隻
蒜片 5g
食用油 適量
鹽 適量
胡椒 適量
酪梨 1/4個
芒果沙拉醬 1g →參考p.37
蟹肉棒 25g
蟹味醬 5g →參考p.37

Finish

布里歐 1個
胡桃奶油乳酪抹醬 10g →參考p.38
辣味抹醬 5g →參考p.40
綠捲鬚生菜 3g
車窩草 1g
粉紅胡椒 1g

準備

1 在倒入食用油的平底鍋中，加入用鹽和胡椒調味的蝦子、蒜片拌炒，直到顏色呈現淺褐色。

2 將酪梨去皮、去籽，橫向切成厚度0.3cm的片狀，斜著攤開後再撒上芒果沙拉醬。

3 將蟹肉棒撕成小塊狀，再拌入蟹味醬中。

組合 · 裝飾

1 在布里歐的中央畫一刀，深度約為2/3。

2 擠花袋中裝入胡桃奶油乳酪抹醬，在畫出的刀痕上擠滿一條直線，然後塗上辣味抹醬。

3 接著放上蟹肉棒和酪梨片，再擺上蝦子。
Tip 使蝦子的背部朝上露出，會比較好看。

4 最後放入綠捲鬚生菜、車窩草、用手捏碎的粉紅胡椒即完成。

準備 1

組合 · 裝飾 4

Brioche
BACON&AVOCADO
培根酪梨布里歐

在香濃的布里歐內填入柔嫩的酪梨與彈牙的培根，展現出多層次口感。
透過焦糖洋蔥調味，使得整體風味更加清爽宜人，可避免味道過於沉重。

Ingredients · Directions

Prepare
培根 55g
食用油 適量
楓糖漿 5g
酪梨 1/4個
芒果沙拉醬 5g →參考p.37

Finish
布里歐 1個
胡桃奶油乳酪抹醬 10g →參考p.38
顆粒介末抹醬 5g →參考p.40
焦糖洋蔥 10g →參考p.29
切達乳酪 1片
碎紅辣椒 1g
車窩草 1g

準備

1 在倒入食用油的平底鍋中，將培根煎至呈現金黃色，再倒入楓糖漿一起烹煮，然後將培根切成5cm寬的塊狀。
 Tip 使用厚度為0.7cm左右的厚切培根。

2 將酪梨去皮、去籽，橫向切成厚度0.3cm的片狀，斜著攤開後再撒上芒果沙拉醬。

組合·裝飾

1 在布里歐的中央畫一刀，深度約為2/3。

2 擠花袋中裝入胡桃奶油乳酪抹醬，在畫出的刀痕上擠滿一條直線，然後抹上顆粒芥末抹醬。

3 將焦糖洋蔥填入布里歐內部，再放上酪梨片。

4 依序放上切成兩半的切達乳酪以及培根，最後放上碎紅辣椒、車窩草即完成。

準備 1

組合·裝飾 2

千層酥

千層酥是法國代表性的維也納甜酥麵包（Viennoiserie）。在麵團中添加奶油，摺疊出總共12層的奶油層，製作出香脆口感。從裝飾配料中滲出的水分會導致麵包變得濕潤，因此在烘烤時要盡量烤得酥脆一點。

PASTRY

分量34個

Dough
高筋麵粉 700g
低筋麵粉 300g
無鹽奶油 50g

細砂糖 100g
鹽 20g
高糖乾酵母 25g
全蛋 100g

水 200g
牛奶 250g
片狀奶油 500g

Match
肉類・蔬菜・堅果・水果等清淡食材

1 將片狀奶油之外的所有食材都加進攪拌盆中攪拌均勻。

2 用攪拌機第一段攪拌8分鐘,再用第二段攪拌10分鐘,充分攪拌均勻至毫無粉末殘留。
→麵團溫度24℃

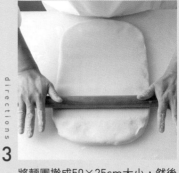

3 將麵團擀成50×25cm大小,然後放進-20℃的冰箱中靜置發酵1小時,再移到1℃的冰箱中冷藏發酵12小時。

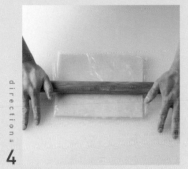

4 用保鮮膜包住片狀奶油,將奶油擀成25×25cm大小,再放回冰箱冷藏。

5 將片狀奶油放進麵團中間,然後從左右包裹起來。

6 在麵團的摺痕處稍微劃一刀,以緩解彈性。

7 用壓麵機進行「4摺1次」和「3摺1次」,然後在-18℃的冰箱中靜置10分鐘,再擀壓至厚度0.3cm、230×33cm的大小。

8 用尺和切刀將麵團的邊緣切割平整,然後切成12塊10×10cm的正方形、22塊5×15cm的長條形。

9 在溫度27℃的環境下發酵2小時之後,將麵團放進預熱至180℃的對流式烤箱中,烘烤12分鐘。

MONPIN \ **TIP**

4 片狀奶油在使用前30分鐘先放置於室溫下,使溫度維持於12-15℃之間再使用。
7 使用壓麵機將麵團壓平時,可以跳過麵團靜置時間、持續作業,但如果使用的是擀麵棍,則需要在每個步驟之間,讓麵團冷藏靜置20分鐘。
8 在摺疊和切割的過程中,應將沾在麵團上的多餘麵粉清除乾淨。

STRAWBERRY SALSA

草莓莎莎千層酥

本來以番茄為主的莎莎醬，改成以草莓作為主角，
在酸甜的草莓香氣上，以洋蔥和辣椒添加嗆辣味和香辣感，可以享用到極具特色的美味。

Ingredients · Directions

Prepare	**準備**

Prepare

草莓A 25g
草莓B 40g
紫洋蔥 5g
韓國小黃瓜辣椒 5g
檸檬汁 5g
特級初榨橄欖油 5g
鹽 適量
胡椒 適量
優格抹醬 10g →參考p.39
草莓果泥 10g

Finish

長條狀千層酥 1個
瑞可塔乳酪 10g →參考p.28
薄荷葉 1g

準備

1 將草莓A的蒂頭切除，並以蒂為中心將草莓切成兩半。

2 將草莓B、紫洋蔥、去籽的小黃瓜辣椒全都切成0.5×0.5cm大小。
Tip 草莓可以用酸味和甜度適中的當季水果替代。

3 在步驟2中加入檸檬汁、特級初榨橄欖油、鹽和胡椒攪拌均勻，製成草莓莎莎醬。

4 將優格抹醬、草莓果泥一起攪拌均勻，製成草莓優格抹醬。

組合 · 裝飾

1 將千層酥塗上草莓優格抹醬，然後放上草莓莎莎醬。

2 接著疊上草莓A和瑞可塔乳酪，最後放上薄荷葉即完成。

準備 3

組合 · 裝飾 1

MARINATED TOMATO & JAMÓN CHIP

漬番茄西班牙火腿脆片千層酥

甜甜的醃漬小番茄搭配烤得酥脆的西班牙火腿，完美結合了甜與鹹，展現出最極致的滋味。
咬下去時，脆脆的千層酥與柔嫩的菜葉一同在口中展開，帶來豐富多樣的口感。

Ingredients · Directions

Prepare

西班牙火腿 20g
小番茄 4顆
細砂糖 3g
白巴薩米克醋 5g
羅勒葉 5g

Finish

長條狀千層酥 1個
羅勒抹醬 10g →參考p.40
野牛芝麻菜 5g
胡桃奶油乳酪抹醬 35g →參考p.38
綠捲鬚生菜 5g
酸模 1g
巴薩米克醋珍珠 5g

準備

1 將西班牙火腿一片片鋪在烤盤上，再取另一個烤盤疊在上方。

2 將烤盤放入預熱至160°C的烤箱中，烘烤大約10分鐘。去除多餘的油脂後，將火腿切成一口大小。

3 在小番茄蒂頭處稍微劃一刀，然後放進沸水中燙10秒後，取出浸泡冰塊水直至冷卻，再將小番茄去皮。
   Tip 也可以省略去皮步驟。

4 將小番茄加入細砂糖、白巴薩米克醋和羅勒葉，醃漬大約4個小時。

組合·裝飾

1 將千層酥橫切成兩半後，在作為底部的那一半塗上羅勒抹醬。

2 接著放上野生芝麻菜，再蓋上作為頂部的另一半。

3 將胡桃奶油乳酪抹醬裝進擠花袋中，擠在千層酥上面。

4 為了讓醃漬小番茄更穩固，稍微切掉底部，然後放到千層酥上。

5 最後自然地擺放西班牙火腿脆片、綠捲鬚生菜、酸模和巴薩米克醋珍珠即完成。

準備 1

組合·裝飾 4

Pastry
BURRATA CHEESE&NUTS
布拉塔乳酪堅果千層酥

滿滿的堅果、楓糖漿、布拉塔乳酪,光用看的也感受到健康的氛圍。
咬下一口,濃郁香氣、柔軟口感與羅勒的香味完美結合,令人讚嘆不已。

Ingredients · Directions

Prepare
核桃 10g
杏仁 5g
胡桃 10g
夏威夷豆 5g
楓糖漿 5g
布拉塔乳酪 1/2個
格拉娜帕達諾乳酪 1g

Finish
正方形千層酥 1個
羅勒奶油乳酪抹醬 50g → 參考 p.39

準備

1 將核桃、杏仁、胡桃和夏威夷豆放進預熱至160°C的烤箱中,烘烤大約
15分鐘。
Tip 除了上述食材之外,還可以使用其他堅果。

2 將烤好的堅果與楓糖漿攪拌均勻。

3 將布拉塔乳酪切成兩半,撒上用刨刀磨碎的格拉娜帕達諾乳酪,然後使
用噴槍炙燒上色。

組合 · 裝飾

1 將羅勒奶油乳酪抹醬裝進擠花袋中,擠在千層酥上方。

2 再放上堅果,不要擺得太密集,最後將布拉塔乳酪放中間即完成。

準備
2

準備
3

Pastry
GREEK STYLE
希臘風情千層酥

擁有獨特風味、口感鬆軟的菲達乳酪，搭配微鹹的橄欖抹醬，
以及拌入清爽芒果沙拉醬的新鮮蔬菜，組合成散發地中海香氣的料理。

Ingredients · Directions

Prepare

小黃瓜 20g
小番茄 2顆
芒果沙拉醬 10g →參考p.37
紅蔥（shallot）3g
櫻桃蘿蔔 3g

Finish

長條狀千層酥 1個
橄欖抹醬 15g →參考p.41
優格抹醬 10g →參考p.39
菲達乳酪 15g
帕達諾乳酪脆片 5g →參考p.31

準備

1 將小黃瓜直切成兩半，去籽後切成厚度1cm的斜切片。

2 將小番茄以蒂頭為中心切成兩半或1/4人小。
Tip 為了增加顏色的豐富度，可以使用不同顏色的小番茄。

3 把切好的小黃瓜和小番茄拌入芒果沙拉醬。

4 將紅蔥切成厚度0.1cm的圓片。

5 將櫻桃蘿蔔切成厚度0.1cm的薄片。

組合 · 裝飾

1 將千層酥橫切成兩半，把橄欖抹醬塗在下半部，然後蓋上上半部。

2 接著塗抹優格抹醬，均勻地放上弄碎的菲達乳酪。

3 再放上拌有沙拉醬的小番茄和小黃瓜。

4 最後放上紅蔥、櫻桃蘿蔔和帕達諾乳酪脆片即完成。

準備
3

組合 · 裝飾
2

CITRUS&BURRATA CHEESE

柑橘布拉塔乳酪千層酥

酸甜可口、果汁豐富的葡萄柚和柳橙，以及充滿新鮮奶味的布拉塔乳酪，
與酥脆的千層酥口感非常相輔相成，形成輕快的和諧。

Ingredients · Directions

Prepare

葡萄柚 15g
柳橙 10g
布拉塔乳酪 1/2個
格拉娜帕達諾乳酪 適量

Finish

正方形千層酥 1個
羅勒抹醬 20g →參考p.40
野生芝麻菜 20g
優格抹醬 10g →參考p.39
格拉娜帕達諾乳酪 適量
帕達諾乳酪脆片 10g →參考p.31
薄荷葉 1g

準備

1 將葡萄柚和柳橙去皮後切成兩半，再換個方向下刀，切成厚度0.5cm的半圓形片狀。

2 將布拉塔乳酪切成兩半，在切面撒上用刨刀磨碎的格拉娜帕達諾乳酪，然後用噴槍炙燒上色。
   Tip 布拉塔乳酪可以用新鮮莫札瑞拉乳酪替代。

組合·裝飾

1 將千層酥橫切成兩半後，在下半部塗抹羅勒抹醬。

2 放上野生芝麻菜，再蓋上千層酥的上半部。

3 抹上優格抹醬，再均勻地放上用刨刀磨碎的格拉娜帕達諾乳酪。

4 在千層酥一側放布拉塔乳酪，另一側疊上葡萄柚和柳橙。

5 最後放上帕達諾乳酪脆片和薄荷葉即完成。
   Tip 薄荷葉使用的是小而柔軟的嫩葉。

準備
1

準備
2

Pastry
SHRIMP&PINEAPPLE
鮮蝦鳳梨千層酥

這款麵包料理使用多汁的鳳梨和彈牙的鮮蝦，經過又辣又甜的甜辣醬拌炒後，
鋪在香脆的酥皮上，使整體味道形成完美的平衡。

Ingredients · Directions

Prepare
蝦仁 3隻
白葡萄酒 10g
食用油 適量
鹽 適量
胡椒 適量
整片鳳梨罐頭或新鮮鳳梨 1片
甜辣椒醬 10g

Finish
長條狀千層酥 1個
辣味抹醬 10g →參考p.40
格拉娜帕達諾乳酪 適量
粉紅胡椒 1g
香芹末 1g
車窩草 1g

準備
1 在倒入食用油的平底鍋中放入蝦子、白葡萄酒、鹽和胡椒，煮至全熟且顏色呈淺褐色。

2 放入切半的鳳梨片和甜辣椒醬，用大火拌炒。

組合 · 裝飾
1 在千層酥上塗抹一層辣味抹醬，再均勻撒上用刨刀磨碎的格拉娜帕達諾乳酪。

2 將蝦子和鳳梨交替擺放，最後撒上用手捏碎的粉紅胡椒、香芹末和車窩草即完成。

準備 1

準備 2

PULLED PORK

手撕豬肉千層酥

柔軟的手撕豬肉搭配對味的BBQ醬汁，再加上香甜風味的焦糖洋蔥，整體味道十分融洽。
另外使用了結球萵苣和紫萵苣生菜，增添清爽新鮮的口感。

--- **Ingredients · Directions** ---

Prepare
結球萵苣 15g
紫萵苣 5g

準備

1 將結球萵苣、紫萵苣切成寬度0.5cm的細絲。

組合 · 裝飾

Finish
正方形千層酥 1個
BBQ抹醬 20g →參考p.40
焦糖洋蔥 15g →參考p.29
手撕豬肉 45g →參考p.36
切達乳酪 1/2片
香芹末 1g

1 將千層酥橫切成兩半後，在下半部塗抹BBQ抹醬。

2 內放上結球萵苣、紫萵苣，然後覆蓋上千層酥的上半部。

3 依序放上焦糖洋蔥、手撕豬肉，再放上切達乳酪，並用噴槍炙燒上色。
   Tip 若加入分量充足的焦糖洋蔥，便可以均衡手撕豬肉的油膩味道，也推薦加入酸辣味的醋漬墨西哥辣椒。

4 最後撒上香芹末即完成。

準備
1

組合 · 裝飾
3

SEMI-DRIED TOMATO & TUNA SALAD

烤番茄鮪魚沙拉千層酥

番茄經由低溫烘烤後，味道更加酸爽，藉此平衡了鮪魚的濃郁風味，
也透過甜玉米粒和芥末籽醬，增添味道和口感的豐富性。

Ingredients · Directions

Prepare

小番茄 2個
橄欖油 適量
鮪魚罐頭 90g
紫洋蔥 20g
小黃瓜 20g
玉米粒罐頭 10g
美乃滋 30g
鹽 適量
胡椒 適量

Finish

長條狀千層酥 1個
顆粒芥末抹醬 10g →參考p.40
蒔蘿 3g

準備

1 將小番茄切成厚度為0.5cm的圓片，接著用橄欖油拌勻，放入預熱至120℃的烤箱中烘烤20分鐘左右。

2 用篩子將罐頭鮪魚中的油脂過濾。

3 將紫洋蔥和去籽後的小黃瓜切成0.5×0.5cm的大小。

4 將鮪魚、紫洋蔥和小黃瓜放在一起，加入玉米粒、美乃滋、鹽以及胡椒，整體攪拌均勻。

組合 · 裝飾

1 在千層酥上方抹上顆粒芥末抹醬，再均勻地放上鮪魚沙拉。

2 把烤好的小番茄排成一列，再放上蒔蘿即完成。

準備 1

準備 4

CRAB STICK&AVOCADO
蟹肉酪梨千層酥

這道料理融合了酪梨的香氣和奶油般的口感,再加上海鮮風味的醬汁,呈現出豐富多樣的美味。
特別用噴槍煙燻過的蟹肉,則為這款風味清爽的千層酥增添了一絲重量感。

Ingredients · Directions

Prepare

蟹肉 40g
蟹味醬 10g →參考p.37
酪梨 1/6個
芒果沙拉醬 5g →參考p.37
結球萵苣 15g
紫萵苣 5g

Finish

正方形千層酥 1個
優格抹醬 20g →參考p.39
格拉娜帕達諾乳酪 5g
粉紅胡椒 1g

準備

1 將蟹肉按紋理撕開,拌入蟹味醬中。

2 將酪梨去皮、去籽,切成厚度0.3cm的楔形,再撒上芒果沙拉醬。
   Tip 撒上芒果沙拉醬不僅能增加酸甜味,還能減緩酪梨的褐變。

3 將結球萵苣、紫萵苣切成寬度0.5cm的細絲。

組合·裝飾

1 將千層酥橫切成兩半後,在下半部塗抹優格抹醬。

2 放上結球萵苣、紫萵苣,再覆蓋上千層酥的上半部。

3 放上一層蟹肉,再用噴槍炙燒上色。

4 均勻地撒上用刨刀磨碎的格拉娜帕達諾乳酪,再放上酪梨片,最後撒上
   用手捏碎的粉紅胡椒即完成。

準備
2

組合·裝飾
3

PAIN DE MIE
CAMPAGNE
BAGUETTE

用
龐多米吐司
鄉村麵包
法式長棍麵包
做料理

龐多米吐司

龐多米是法國人對「白吐司」的統稱。這是一種質地柔軟、氣孔組織均勻，最大眾化的三明治專用麵包。使用牛奶來代替水，讓吐司香氣濃郁、味道清爽且內部質地溼潤，不管搭配任何食材都很適合。

PAIN DE MIE

分量4個

Dough

Silver star 高筋麵粉 150g	細砂糖 25g	無鹽奶油 40g
中筋麵粉 350g	新鮮酵母 12g	牛奶 390g
麥芽精 5g	鹽 10g	

Match

雞蛋．馬鈴薯．乳酪等味道和口感柔軟的食材

1 將所有食材放進攪拌盆中，充分攪拌直到毫無粉末殘留。

2 為了讓麵團起筋，麩質成形以達到最大的彈性，用攪拌機第一段攪拌3分鐘，再用第二段攪拌7分鐘，最後調回第一段攪拌1分鐘。
→麵團溫度27℃

3 將麵團放在溫度27℃的環境下發酵60分鐘。

4 將麵團分割成每份80g，整形成圓形，然後靜置休息15分鐘。

5 將麵團擀平、整成橢圓形後，從短邊捲起。一個烤模放入三粒麵團，形成龐多米吐司造型。

6 在溫度32℃的環境下發酵60分鐘。

7 將麵團放進預熱至上層火180℃、下層火200℃的電烤層爐，烘烤18分鐘，烤完後塗抹一層薄薄的奶油（食譜以外的分量）。

MONPIN TIP

1 事先將奶油放置室溫下，讓質地變得柔軟後再使用。
7 麵團添加了少量奶油，因此進爐受熱膨脹後較不會出現爆裂現象。

SALTED POLLOCK ROE&POTATO

明太子馬鈴薯吐司盒子

吐司中間夾入質地軟嫩的馬鈴薯泥，於頂端再添加鹹鹹的明太子，
以及稍微瀝乾水分的醃小黃瓜，打造出清脆的口感，吃起來飽足感十足。

Ingredients · Directions

Prepare

醃製明太子 10g
小黃瓜 10g
鹽 1g
馬鈴薯 120g
奶油 5g
美乃滋 20g
酸奶油 10g
細砂糖 5g
韭菜 1g

Finish

吐司（厚度3cm）1片
奶油 適量
美乃滋 15g
芝麻 0.5g

準備

1 將醃製明太子橫剖開後，用刀背刮下明太子、去膜。

2 將小黃瓜切成厚度0.2cm的圓片，再加鹽醃製10分鐘後，用水清洗一遍，
 然後去除水分。

3 準備一鍋冷水，放入馬鈴薯，先用大火煮5分鐘，再轉成中火煮20分鐘左
 右，取出後去皮搗碎。
 Tip 要放在冷水裡煮，才能連馬鈴薯內部都充分煮熟。
 Tip 也可以用巾售的馬鈴薯泥替代。

4 將奶油、美乃滋、酸奶油和細砂糖加進馬鈴薯泥中拌勻。

5 將韭菜切成寬度0.1cm的細末。

組合·裝飾

1 將吐司上半部劃出2/3深的切口。先將奶油融化在平底鍋中，再把吐司放
 進去煎，直到正反兩面的顏色呈現金黃色。

2 在煎好的吐司內側塗抹上美乃滋，再填入厚厚的馬鈴薯泥，接著在頂端
 放上小黃瓜與明太子。

3 最後將韭菜末和芝麻撒在最上面即完成。

準備 1

準備 4

Pain de mie
BACON&SCRAMBLED EGG
培根炒蛋三明治

柔滑的炒蛋、鹹香的培根和香濃的酪梨，與任何醬料都可以完美搭配。
三明治中除了有切達乳酪，再加上顆粒芥末抹醬，整體變得更有特色。

Ingredients · Directions

Prepare
培根 55g
酪梨 1/2個
奶油 3g
雞蛋 1個
鮮奶油 10g

Finish
吐司（厚度1.5cm）2片
切達乳酪 10g
顆粒芥末抹醬 15g →參考p.40
香芹末 1g
碎紅辣椒 1g

準備

1 在平底鍋中將培根煎至正反兩面都呈現金黃色。
   Tip 使用厚度為0.7cm左右的厚切培根。

2 將酪梨去皮、去籽，縱向切成厚度0.3cm的薄片。

3 在平底鍋中將奶油融化後，將混勻的雞蛋與鮮奶油加進去，快速且持續攪拌，以小火煮至軟綿的柔順狀態。

組合 · 裝飾

1 將切達乳酪用刨刀磨碎後，薄薄地鋪在平底鍋上，再用小火加熱融化。

2 將吐司放在融化的乳酪上方，使一面沾裹乳酪後取出。

3 確認乳酪凝固後，在沒有沾上乳酪的那一面，塗抹顆粒芥末抹醬，接著依序放上培根、酪梨和炒蛋。

4 撒上香芹末、碎紅辣椒，最後蓋上另一半的吐司即完成。

準備
3

組合 · 裝飾
2

GRILLED THIN PORK BELLY

薄切豬五花吐司盒子

將豬五花肉薄片用辛辣的調味料處理後炒熟，再搭配清爽且香辣的蔥絲和包飯抹醬，
就能簡單做出充滿韓國風味、外型小巧好拿的「韓式吐司盒子」。

--- **Ingredients · Directions** ---

Prepare

薄切豬五花肉 90g
蒜片 15g
辣味烤肉醬（市售產品）10g
大蔥 5g
冰山火焰萵苣 10g

Finish

吐司（厚度3cm）1片
奶油 適量
包飯抹醬 15g →參考p.41
芝麻油 2g
芝麻 1g

準備

1 將薄切豬五花肉、蒜片、辣味烤肉醬放進平底鍋中拌炒。

2 將大蔥的蔥白部分切成7cm長度的細絲，浸泡冷水中以去除辛辣味。

3 將火焰萵苣搭配吐司的大小切好。
   Tip 生菜以夾進吐司中間後，鋸齒狀葉緣會稍微突出的大小為佳。

組合 · 裝飾

1 將吐司上半部劃出2/3深的切口。先將奶油融化在平底鍋中，再把吐司
   放進去煎，直到正反兩面的顏色呈現金黃色。

2 在煎好的吐司內側塗上包飯抹醬，再夾入火焰萵苣和炒豬五花肉。

3 最後放上蔥絲、芝麻油和芝麻即完成。

準備
1

準備
2

Pain de mie
TURKEY HAM&RASPBERRY
火雞火腿覆盆子三明治

味道清淡的火雞火腿與酸甜香濃的覆盆子組合雖然不常見，卻展現出令人驚豔的和諧口感，
再加上味道微苦的芝麻菜和煎過的美味蘑菇，這道料理滿足了所有感官的需求。

Ingredients · Directions

Prepare

酪梨 1/4個
蘑菇 30g
食用油 適量

準備

1 將酪梨去皮、去籽後，切成楔形，然後再斜切成兩半。

2 將蘑菇切成厚度0.5cm的薄片，放進倒入食用油的平底鍋中，拌炒至顏色變深。

Finish

吐司（厚度1.5cm）2片
奶油 適量
美乃滋 15g
覆盆子果醬 10g
野生芝麻菜 10g
切達乳酪 1片
火雞火腿 1片
冷凍覆盆子 3個
香芹末 1g

組合·裝飾

1 在平底鍋中將奶油融化，放入吐司，煎至正反兩面呈金黃色。

2 在吐司的一面塗上美乃滋和覆盆子果醬，再依序放上野生芝麻菜、切達乳酪、酪梨、火雞火腿和蘑菇。
Tip 切達乳酪片使用的是白色版本。

3 放上覆盆子與香芹末，最後蓋上另一片吐司即完成。

準備 2

組合·裝飾 2

SUNDUBU&POLLOCK ROE BIJI

嫩豆腐明太子豆渣三明治

使用最具韓國特色的食材──豆腐、豆渣和麵包，組合出新鮮感。
帶有濃郁香氣、添加微鹹明太子製成的豆渣，與豆腐口感相融，意外地呈現出高級風味。

Ingredients · Directions

Prepare

大蔥 2g
紅辣椒 2g
韭菜 1g
嫩豆腐 25g
冰山火焰萵苣 10g
醃製明太子 5g
洋蔥 10g
櫛瓜 10g
甜椒 10g
食用油 適量
豆渣 20g
芝麻油 3g

Finish

吐司（厚度1.5cm）2片
奶油 適量
包飯抹醬 15g →參考p.41
芝麻 1g

準備

1 將大蔥的蔥白部分切成長度2cm的細絲，紅辣椒剖開、去籽後切成細圈狀，兩者皆浸泡冷水以去除辣味。

2 將韭菜切成寬度0.2cm的細末。

3 將嫩豆腐切成厚度1cm的圓形，再切一半成半圓形。

4 將火焰萵苣搭配吐司的大小切好。
Tip 生菜以夾進吐司中間後，鋸齒狀葉緣會稍微突出的大小為佳。

5 將醃製明太子橫剖開後，用刀背刮下明太子、去膜。

6 將洋蔥、去籽的櫛瓜、甜椒都切成0.5×0.5cm的大小。

7 在倒入食用油的平底鍋中，放入櫛瓜、甜椒、洋蔥拌炒3分鐘，再加入豆渣，用中火拌炒4分鐘後關火，然後加入醃製明太子和芝麻油拌勻。

組合 · 裝飾

1 在平底鍋中將奶油融化，放入吐司，將正反兩面煎成金黃色。

2 在吐司的一面塗上包飯抹醬，再依序疊上火焰萵苣、與豆渣一起拌炒好的蔬菜、嫩豆腐。

3 放上蔥絲、紅辣椒、韭菜末、芝麻，最後蓋上另一片吐司即完成。

準備 6

準備 7

鄉村麵包

這是一款外表酥脆、內部鬆軟的硬質系列麵包,具有令人垂涎欲滴的外觀和全麥粉獨特的香氣。在本書食譜中,將鄉村麵包切成厚度1.5cm,烘烤得酥酥脆脆的,製作成開放式三明治的形式。

CAMPAGNE

分量3個

Dough

Silver star 高筋麵粉 900g
全麥麵粉 100g
水A 750g

低糖乾酵母 4g
蓋朗德海鹽 20g
水B 50g

Match

水果 · 烤蔬菜等富含
水分的食材

1 將高筋麵粉、全麥麵粉和水A放入攪拌盆中，用攪拌機第一段攪拌3分鐘。

2 靜置休息20分鐘。
→水合法

3 加入酵母，用第一段攪拌1分鐘。再加入鹽，先持續用第一段攪拌1分鐘，然後調整到第二段攪拌2分鐘。接著加入水B後，轉回第一段攪拌1分鐘。
→麵團溫度24℃

4 在溫度27℃的環境下發酵60分鐘後，進行排氣、摺疊。

5 在溫度27℃的環境下繼續發酵90分鐘。

6 將麵團分割成每個500g，並整成圓形，於常溫下靜置20分鐘。

7 排氣後整形成圓柱形，再放在發酵藤籃中，進行60分鐘的二次發酵。

8 麵團發酵完成後倒扣出來，在麵團上劃刀痕。

9 放進預熱至上層火230℃、下層火200℃的電烤層爐，噴蒸氣，等上火降至210℃、下火降至170℃時，烘烤30分鐘。

MONPIN TIP

2 水合法（Autolyse）：在主麵團製作前，將麵粉和水混合攪拌，靜置一段時間使水分子充分進入小麥蛋白裡，進而形成麵筋的方法。可以增加麵團的彈性，有助於麵包爐內膨脹（oven spring），並提高麵包風味。

4 在麵團發酵後進行摺疊，可以增強麵筋的結構，也可以注入新鮮氧氣、有助激活酵母且整理氣孔，藉此形成均勻的結構。

SEASONAL FRUITS

當季水果鄉村麵包

甜蜜酸爽的新鮮草莓和味道絕配的胡桃奶油乳酪醬，
組合成清新口感的開放式三明治，讓人品嚐時湧現一股愉悅感。

Ingredients · Directions

Prepare
草莓 8個
開心果 5g

Finish
鄉村麵包（厚度1.5cm）1片
鹽 適量
胡椒 適量
橄欖油 適量
胡桃奶油乳酪抹醬 80g →參考p.38
瑞可塔乳酪 10g →參考p.28
薄荷葉 1g

準備

1 將草莓的蒂頭切掉，縱切成兩半。
　　Tip 除了草莓之外，也可以用其他當季水果替代。

2 將開心果搗碎成0.5cm大小。

組合 · 裝飾

1 將鄉村麵包撒上鹽、胡椒、橄欖油，放進預熱至180℃的烤箱中烤2分鐘
　　左右。

2 接著在鄉村麵包上塗抹胡桃奶油乳酪抹醬，再撒上開心果碎末。

3 擺滿草莓後，再把瑞可塔乳酪放在草莓的間隔之間，最後用薄荷葉裝飾
　　即完成。

準備
1

組合 · 裝飾
3

Campagne
CUCUMBER&EGG SALAD
小黃瓜蛋沙拉鄉村麵包

受到大眾普遍喜愛的蛋沙拉，搭配美味的鄉村麵包，大口咬下去，
蛋沙拉的柔滑口感和小黃瓜薄片的清爽口感交織，展現出令人驚豔的完美融合。

Ingredients · Directions

Prepare
小黃瓜 30g

準備
1 將小黃瓜刨成厚度0.1cm的薄片，再直直地切成兩半。

Finish
鄉村麵包（厚度1.5cm）1片
鹽 適量
胡椒 適量
橄欖油 適量
顆粒芥末抹醬 20g →參考p.40
蛋沙拉 130g →參考p.34
碎紅辣椒 1g

組合·裝飾
1 將鄉村麵包撒上鹽、胡椒、橄欖油，放進預熱至180℃的烤箱中烤2分鐘
左右。

2 接著在鄉村麵包上塗抹顆粒芥末抹醬，再放上蛋沙拉。

3 將小黃瓜捲好形狀後放上去，最後撒上碎紅辣椒即完成。

準備
1

組合·裝飾
3

TOMATO&BURRATA CHEESE

番茄布拉塔乳酪鄉村麵包

擁有牛奶風味和柔軟質感的布拉塔乳酪，配上添加檸檬清香的小番茄，
以及用羅勒為基底調製的奶油乳酪抹醬，新鮮的香草氣味在口中瀰漫開來。

--- Ingredients · Directions ---

Prepare
小番茄 5個
細砂糖 5g
檸檬皮屑 1g
布拉塔乳酪 50g

Finish
鄉村麵包（厚度1.5cm）1片
鹽 適量
胡椒 適量
橄欖油 適量
羅勒奶油乳酪抹醬 80g →參考p.39
巴薩米克醋膏 5g
海鹽 1g
百里香 1g
特級初榨橄欖油 2g

準備
1 以小番茄的蒂頭為中心，將小番茄切成一半或1/4大小，再將細砂糖、
檸檬皮屑加進去攪拌均勻。
Tip 為了增加顏色的豐富度，可以使用不同顏色的小番茄。

2 將布拉塔乳酪放入擠花袋中揉碎。

組合 · 裝飾
1 將鄉村麵包撒上鹽、胡椒、橄欖油，放進預熱至180℃的烤箱中烤2分鐘
左右。

2 然後在鄉村麵包上塗抹羅勒奶油乳酪抹醬，再均勻灑上巴薩米克醋膏。

3 小番茄以1cm為間隔錯落擺放，並使小番茄露出切面。

4 在小番茄的間隔之間擠上布拉塔乳酪，並在布拉塔乳酪上方撒海鹽。

5 最後整體放上百里香、灑上特級初榨橄欖油即完成。

準備
2

組合 · 裝飾
4

BACON&BRUSSELS SPROUTS

培根抱子甘藍鄉村麵包

拌炒至金黃色的抱子甘藍甜味十足，搭配厚實且鹹香的培根，
再加上辛辣的奇波雷煙燻辣椒抹醬的組合，極具異國風情。

Ingredients · Directions

Prepare

抱子甘藍 60g
鹽 適量
培根 30g
洋蔥 30g

Finish

鄉村麵包（厚度1.5cm）1片
鹽 適量
胡椒 適量
橄欖油 滴量
奇波雷煙燻辣椒抹醬 30g →參考p.39
綠捲鬚生菜 1g
酸模 1g

準備

1 將抱子甘藍放進加了鹽的沸水中氽燙約1分鐘，然後撈出、泡在冰塊水
中冷卻後，切成兩等分再將水分瀝乾。

2 將培根切成寬度1cm的條狀。
Tip 使用厚度為0.7cm左右的厚切培根。

3 將洋蔥切成0.5×0.5cm大小。

4 平底鍋中先放入培根，用小火拌炒2分鐘左右直到出現油脂為止。

5 再加入汁蔥拌炒1分鐘左右，然後加入抱子甘藍拌炒至顏色改變。

組合 · 裝飾

1 將鄉村麵包撒上鹽、胡椒、橄欖油，放進預熱至180℃的烤箱中烤2分鐘
左右。

2 然後在鄉村麵包上塗抹奇波雷煙燻辣椒抹醬，再放上炒好的培根、洋蔥
和抱子甘藍。

3 最後放上綠捲鬚生菜、酸模即完成。

準備
5

組合 · 裝飾
2

SMOKED SALMON

煙燻鮭魚鄉村麵包

結合了彈性十足的煙燻鮭魚、充滿鮮明香氣的蒔蘿，以及酸甜鹹香兼具的酸豆，
這款麵包料理光看就讓人食慾大開。

Ingredients · Directions

Prepare

紫洋蔥 80g
蘆筍 30g
紅蔥 (shallot) 5g
煙燻鮭魚 100g
蒔蘿 1g
成熟酸豆 5g

Finish

鄉村麵包 (厚度1.5cm) 1片
鹽 適量
胡椒 適量
橄欖油 適量
蒔蘿抹醬 30g →參考p.39

準備

1 將紫洋蔥切成寬度0.3cm的絲狀，再浸泡在冷水中去除辛辣味。

2 將蘆筍的根部切掉，刨成厚度0.1cm的長條狀，再捲成圓圈定型，浸泡
在冰塊水中。

3 將紅蔥切成厚度0.2cm的圓片。

4 將一片片的煙燻鮭魚捲成圓形。

5 將蒔蘿的葉子部分摘下來。

6 將成熟酸豆切成兩半。

組合 · 裝飾

1 將鄉村麵包撒上鹽、胡椒、橄欖油，放進預熱至180℃的烤箱中烤2分鐘
左右。

2 然後在鄉村麵包上塗抹蒔蘿抹醬，接著放上紫洋蔥。

3 再堆疊上煙燻鮭魚，最後放上蘆筍、紅蔥、蒔蘿和成熟酸豆即完成。

準備2

準備3

Campagne
SEAFOOD
海鮮鄉村麵包

用淋上芝麻沙拉醬的低卡、高蛋白質海鮮，搭配鄉村麵包，
這健康又高級的風味非常適合成熟的大人。

Ingredients · Directions

Prepare

蝦仁 50g
干貝 60g
魷魚 35g
芝麻沙拉醬（市售產品）30g
蘆筍 30g
紫洋蔥 30g

Finish

鄉村麵包（厚度1.5cm）1片
鹽 適量
胡椒 適量
橄欖油 適量
綠捲鬚生菜 5g
黑芝麻 1g
白芝麻 1g

準備

1 將蝦仁、干貝、劃刀的魷魚汆燙後瀝乾水分，然後拌入芝麻沙拉醬。
Tip 在沸水中放入鹽和檸檬汁，將海鮮汆燙至全熟。
Tip 可以用其他海鮮來替代。

2 將蘆筍的根部切掉，汆燙約1分鐘後，再斜切成5cm長度。
Tip 在沸水中添加鹽，煮至蘆筍能稍微彎曲的程度。

3 將紫洋蔥切成厚度0.3cm的圓圈，浸泡冷水中以去除辛辣味。

組合 · 裝飾

1 將鄉村麵包撒上鹽、胡椒、橄欖油，放進預熱至180℃的烤箱中烤2分鐘左右。

2 將紫洋蔥鋪在烤好的鄉村麵包上，再整齊地放上各種海鮮。

3 在海鮮的空隙之間插入蘆筍和綠捲鬚生菜，最後撒上黑芝麻和白芝麻即完成。

準備 1

準備 2

Campagne
BROCCOLINI&CORN
花椰菜苗玉米鄉村麵包

擁有Q彈口感的香甜玉米，搭配瑞可塔乳酪和火腿的組合，
再加上鮮甜的花椰菜苗，打造出令人無法抗拒的美味。

Ingredients · Directions

Prepare

洋蔥 30g
火腿 30g
食用油 適量
玉米罐頭 80g
鹽 適量
胡椒 適量
瑞可塔乳酪 10g →參考p.28
細砂糖 5g
花椰菜苗 30g

準備

1 將洋蔥和火腿切成0.5×0.5cm的大小。
 Tip 火腿可以用培根替代。

2 在倒入食用油的平底鍋中，放入洋蔥、火腿、玉米、鹽和胡椒，拌炒3
 分鐘左右。

3 將炒好的洋蔥、火腿和玉米，加入瑞可塔乳酪和細砂糖攪拌均勻。

4 將花椰菜苗的花梗剪成7cm長度，再放入加了鹽的沸水中汆燙後瀝乾。

5 在倒入食用油的平底鍋中放入花椰菜苗、鹽和胡椒，用大火稍微拌炒，
 直到外表呈現一點煙燻黑。

Finish

鄉村麵包（厚度1.5cm）1片
鹽 適量
胡椒 適量
橄欖油 適量
顆粒芥末抹醬 30g →參考p.40
格拉娜帕達諾乳酪 適量

組合．裝飾

1 將鄉村麵包撒上鹽、胡椒、橄欖油，放進預熱至180°C的烤箱中烤2分鐘
 左右。

2 在鄉村麵包上塗抹顆粒芥末抹醬，再放上混合了瑞可塔乳酪的洋蔥、火
 腿和玉米。

3 撒上用刨刀磨碎的格拉娜帕達諾乳酪，然後使用噴槍炙燒上色。

4 再次撒上磨碎的格拉娜帕達諾乳酪，最後將花椰菜苗放在中間即完成。

準備
3

組合．裝飾
3

POACHED EGG&GUACAMOLE

水波蛋酪梨醬鄉村麵包

在瀰漫濃郁風味的酪梨醬上，放上香噴噴的水波蛋以增添軟嫩口感，
再搭配爽口的小番茄，打造出健康又吸引人的料理。

Ingredients · Directions

Prepare

鷹嘴豆罐頭 20g
食用油 適量
小番茄 3個
芒果沙拉醬10g →參考p.37
水波蛋 1個 →參考p.27
格拉娜帕達諾乳酪 1g

Finish

鄉村麵包（厚度1.5cm）1片
鹽 適量
胡椒 適量
橄欖油 適量
酪梨醬 100g →參考p.35
大麻籽（Hemp Seeds）5g

準備

1 用篩子將鷹嘴豆的水分過濾掉，放入預熱至170℃的油鍋中油炸3分鐘左右後撈起。

2 將小番茄切成兩半，拌入芒果沙拉醬。
　Tip 為了增加顏色的豐富度，可以使用不同顏色的小番茄。
　Tip 芒果沙拉醬也可以用橄欖油替代。

3 在水波蛋撒上用刨刀磨碎的格拉娜帕達諾乳酪，再用噴槍炙燒上色。

組合 · 裝飾

1 將鄉村麵包撒上鹽、胡椒、橄欖油，放進預熱至180℃的烤箱中烤2分鐘左右。

2 然後在鄉村麵包上均勻地塗抹酪梨醬，再放上鷹嘴豆。

3 在中間放上水波蛋，兩側放上小番茄，最後撒上大麻籽即完成。

準備 1

準備 3

法式長棍麵包

這種法式麵包只使用四種食材,經過長時間低溫熟成製作而成,因此在法國被廣泛使用,是最受歡迎的餐點麵包。它的口感清淡、吃起來輕鬆無負擔,咀嚼時會散發出豐富的香氣,只需搭配簡單的食材就能組合出無比的美味。

BAGUETTE

分量8個

Dough
T65 法國粉 1000g
低糖乾酵母 2g
蓋朗德海鹽 21g
水 730g

Match
蔬菜・乳酪、奶油等
富含乳脂肪的食材

1
將水和麵粉加進攪拌盆中，用攪拌機第一段攪拌3分鐘。

2
靜置休息20分鐘。
→水合法

3
加入酵母，先使用第一段攪拌1分鐘。再加入鹽，持續用第一段攪拌1分鐘，然後調整到第二段攪拌2分鐘，再轉回第一段攪拌1分鐘。
→麵團溫度24°C

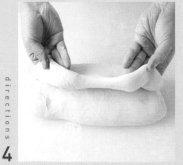

4
在溫度27°C的環境下發酵30分鐘後，進行排氣、摺疊。

5
置於溫度4°C的冰箱中低溫發酵12個小時。

6
將麵團分割成每個200g，然後整形成圓柱形，在溫度27°C的環境下靜置20分鐘。

7
整形成20cm長度的法棍形狀，放在麵團發酵帆布上定型，進行40分鐘的二次發酵。

8
將麵團移到烤盤紙上，在麵團上劃刀痕。

9
將麵團放進預熱至上層火240°C、下層火220°C的電烤層爐，噴蒸氣，烘烤15分鐘。

MONPIN TIP

3 如果攪拌混合得太過度，法棍的表層就會變得太硬，請多加留意。
5 低溫發酵的好處在於有效延緩麵團老化，味道會更加美味，而且可以控制操作所需時間，藉此提高生產效率。
8 將刀痕（couper）劃出接近一字的斜線。

Baguette
CAPRESE
卡布里長棍麵包

以新鮮莫札瑞拉乳酪、番茄和羅勒的經典組合為基礎，
搭配淡雅的香橙果凍和味道撲鼻的粉紅胡椒作為裝飾，呈現出華麗的外觀。

Ingredients · Directions

Prepare

番茄 1/2個
細砂糖 5g
檸檬皮屑 5g
新鮮莫札瑞拉乳酪 1個
水 20g
吉利丁粉 1.5g
香橙原汁 2g
糖漬香橙 10g
紫洋蔥 3g

Finish

法式長棍麵包 1個
羅勒抹醬 40g → 參考p.40
野生芝麻菜 30g
羅勒葉 5g
粉紅胡椒 0.5g

準備

1 將番茄切成厚度0.5cm的圓片，再撒上細砂糖和檸檬皮屑。
  Tip 為了顏色的和諧度，在此使用的是黑番茄。

2 將新鮮莫札瑞拉乳酪撕成小塊狀。

3 先用一半的溫水融化吉利丁粉後，再加入剩餘的水、香橙原汁和糖漬香橙混合。

4 過篩後，倒入扁平的托盤中，然後放進冰箱凝固，製成香橙果凍。
  Tip 香橙果凍可以冷藏保存三天。

5 用叉子把香橙果凍搗碎。

6 將紫洋蔥切成厚度0.2cm的圓圈。

組合 · 裝飾

1 將法式長棍麵包橫切成兩半，內側都均勻塗上羅勒抹醬。

2 在作為底層的麵包上，放上野生芝麻菜和番茄片。

3 將新鮮莫札瑞拉乳酪和香橙果凍以交叉錯落的方式擺放。

4 再放上紫洋蔥、羅勒葉、粉紅胡椒，最後蓋上麵包上層即完成。

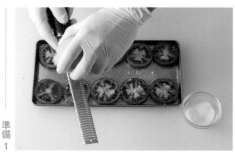

準備
1

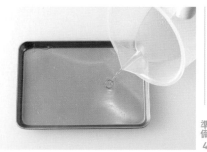

準備
4

Baguette
JAMBON BEURRE
法式火腿奶油長棍麵包

切成薄片的鹹味法式火腿、香噴噴的奶油再搭配芥末抹醬，
在這看似平凡無奇的組合上添加了櫻桃蘿蔔和芹菜，使味道和口感變得更加獨特。

Ingredients · Directions

Prepare
奶油 60g
櫻桃蘿蔔 10g
芹菜 15g

Finish
法式長棍麵包 1個
顆粒芥末抹醬 40g →參考p.40
法式火腿切片 180g
野生芝麻菜 1g

準備

1 將奶油切成厚度0.3cm的片狀。
   Tip 在此使用了冰涼狀態的冷藏奶油。

2 將櫻桃蘿蔔切成楔形。

3 將芹菜的嫩葉部分摘下來。

組合 · 裝飾

1 在法式長棍麵包的表層中央劃出2/3深度的刀口，在內側雙面都塗抹上顆粒芥末抹醬。

2 將奶油片、法式火腿切片夾在麵包中間。

3 最後放上櫻桃蘿蔔、芹菜和野生芝麻菜即完成。

準備
1

組合 · 裝飾
2

APPLE&BRIE CHEESE
蘋果布里乳酪長棍麵包

使用特別適合水果的布里乳酪,加上每天都吃不膩的香甜蘋果,
再添加越嚼越香的堅果,一層一層疊加出豐富的美味。

Ingredients · Directions

Prepare
蘋果 100g
布里乳酪 80g
杏仁 10g

Finish
法式長棍麵包 1個
胡桃奶油乳酪抹醬 100g →參考 p.38
蘋果果醬 50g
野生芝麻菜 30g

準備

1 將蘋果切成四等分後去籽,再切成厚度0.2cm的薄片。

2 將布里乳酪切成十六等分的楔形。

3 將杏仁放進預熱至160°C的烤箱中烘烤15分鐘,再搗碎成0.5cm大小。

組合 · 裝飾

1 將法式長棍麵包橫切成兩半,在作為底層的麵包上塗抹一層胡桃奶油乳酪抹醬。

2 均勻地放上野生芝麻菜,再把蘋果片整齊地攤開。

3 交錯放上布里乳酪,撒上蘋果果醬、杏仁後,再蓋上麵包上層即完成。
　Tip 布里乳酪適合搭配多種水果。欲更換水果種類時,連果醬的口味也要一
　　併更換。

準備
1

組合 · 裝飾
3

GRILLED EGGPLANT &BRIE CHEESE

烤茄子布里乳酪長棍麵包

烤茄子和布里乳酪的香濃甜美，再加上稍微風乾的番茄，帶來Q彈多汁的風味，
使得這款法式長棍麵包顯得格外高級美味。

Ingredients · Directions

Prepare

小番茄 6個
橄欖油 適量
鹽 適量
胡椒 適量
巴薩米克醋膏 5g
松子 5g
香芹末 1g
茄子 120g
布里乳酪 60g

準備

1 將小番茄切成兩半，撒上橄欖油、鹽和胡椒，放入預熱至120℃的烤箱中烤20分鐘左右。

2 將烤好的番茄加入巴薩米克醋膏、松子和香芹末，攪拌均勻。

3 將茄子斜切成厚度1cm的圓片，撒上橄欖油、鹽和胡椒，放入預熱至180℃的烤箱中烤8分鐘左右。
  Tip 除了茄子外，也可以用其他烤蔬菜替代。

4 將布里乳酪切成厚度0.5cm的片狀。

Finish

法式長棍麵包 1個
羅勒抹醬 40g → 參考p.40

組合 · 裝飾

1 在法式長棍麵包的表層中央劃出2/3深度的刀口，在內側雙面都塗抹上羅勒抹醬。

2 最後依序放上布里乳酪、烤茄子和番茄即完成。

準備
2

準備
3

BÁNH MÌ
CALZONE
POCKET BREAD
BUN

用
越式法國麵包
披薩餃
口袋麵包
小圓麵包
做料理

越式法國麵包

將麵粉和米粉用1：1的比例混合製成越式法國麵包。這款因殖民歷史誕生的麵包，特點是外皮薄而酥脆，內部輕盈柔軟，並具有濃郁的香味。為了打造出適合搭配各種食材的酥脆口感，此食譜使用了起酥油來取代奶油，也要留意烘焙的時長。

BÁNH MÌ BAGUETTE

分量11個

Dough

高筋麵粉 500g
米粉 500g
鹽 16g

低糖乾酵母 12g
細砂糖 12g
水 630g

牛奶 90g
起酥油 30g

Match

使用海鮮 • 肉製品製成的東方風格料理

1 將所有食材加進攪拌盆中攪拌。

2 攪拌至毫無粉末殘留時，用攪拌機第一段攪拌5分鐘，再用第二段攪拌9分鐘，最後調回第一段攪拌1分鐘，直到形成很好的筋性。
→麵團溫度27℃

3 將麵團放置在溫度27℃的環境下發酵70分鐘。

4 將麵團分割成每份150g，然後靜置休息15分鐘。

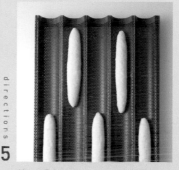

5 整形成長度20cm的長棍麵包形狀，然後放進沖孔式長棍麵包烤模中。

6 在溫度32℃的環境下再次發酵60分鐘。

7 在麵團表面中央劃刀痕，然後擠入奶油（食譜以外的分量）。

8 將麵團放進預熱至250℃的對流式烤箱中，噴蒸氣，降溫至170℃後，烘烤18分鐘。

MONPIN　TIP

1 可以用豬油取代起酥油。

2 若讓麵團起出100%的筋度，麵團表面會有光澤，輕輕拉伸也不會破裂，可說是麵團彈力的最佳狀態。

8 可以充分烘烤出酥脆口感。

ROASTED SHRIMP&AVOCADO

烤蝦酪梨越式法國麵包

香氣十足的Q彈蝦子和濃郁新鮮的酪梨，是廣受好評的組合，
再另外將蔬菜拌入清爽的水果沙拉醬，讓整體風味變得更加均衡。

Ingredients · Directions

Prepare

酪梨 1個
小黃瓜 10g
甜椒 10g
紫洋蔥 5g
芒果沙拉醬 5g →參考p.37
蝦仁 7隻
食用油 適量
鹽 適量
胡椒 適量

準備

1 將酪梨去皮、去籽，再用叉子搗成泥。

2 將去籽的小黃瓜、甜椒、紫洋蔥切成0.5×0.5cm大小，再將芒果沙拉醬
加進去拌勻。
Tip 為了顏色的協調性，平均使用了紅色、黃色甜椒。

3 在倒入食用油的平底鍋中，將用鹽、胡椒調味的蝦子正反面皆煎至呈現
金黃色。
Tip 在調味蝦子時，若加入檸檬皮屑，可以去除腥味。
Tip 蝦子可以用干貝取代。

Finish

越式法國麵包 1個
酸奶油 40g
綠捲鬚生菜 20g
香菜 5g

組合 · 裝飾

1 將越式法國麵包的側面中央橫劃出2/3深度的刀口，在麵包中間塗抹酸
奶油，再放上酪梨。

2 均勻地放上綠捲鬚生菜、香菜，再將蝦子排成一列。
Tip 考量到人眾對香菜的喜好很兩極，可以另外將香菜單獨裝起來再一併端
上桌或省略不放。

3 最後放上拌好芒果沙拉醬的蔬菜即完成。

準備
3

組合 · 裝飾
3

FRIED SHRIMP BALL

炸蝦球越式法國麵包

炸過的蝦球配上酸甜的醃蘿蔔，以及添加了魚露的是拉差辣椒抹醬，
這款料理讓人深刻感受到東南亞風情。

Ingredients · Directions

Prepare
福山萵苣 30g
胡蘿蔔 30g
韓式醃蘿蔔 40g
小黃瓜 50g
香菜 1g
冷凍蝦球（市售產品）90g
食用油 適量

Finish
越式法國麵包 1個
是拉差辣椒抹醬 40g → 參考p.41

準備

1 將福山萵苣切成符合麵包的大小。
  Tip 生菜以夾入麵包中間時，葉緣會稍微突出麵包的大小為佳。

2 將胡蘿蔔、韓式醃蘿蔔切成寬度0.1cm的細絲。

3 將小黃瓜刨成厚度0.2cm的薄片。

4 將香菜葉子摘下再切成碎末。

5 將蝦球放進預熱至180℃的油鍋中油炸5分鐘左右。

組合 · 裝飾

1 將越式法國麵包的側面中央橫劃出2/3深度的刀口，在麵包中間塗抹是
  拉差辣椒抹醬，再放入福山萵苣。

2 依序放上對摺的小黃瓜、胡蘿蔔和韓式醃蘿蔔絲，再將蝦球排成一列。

3 最後撒上香菜末即完成。

準備
5

組合 · 裝飾
2

Bánh mì
KOREAN SPICY CHICKEN
韓風洋釀炸雞越式法國麵包

使用韓國人的靈魂糧食——香辣的洋釀炸雞，搭配上清爽的蔬菜和酥脆的鍋巴，
製作成一款老少咸宜、每個人都會喜愛的麵包料理。

Ingredients · Directions

Prepare
紫洋蔥 10g
韭菜 10g
冷凍唐揚雞塊（市售產品） 160g
韓式洋釀醬（市售產品） 60g

Finish
越式法國麵包 1個
美乃滋 40g
鍋巴 10g
芝麻 1g

準備

1 將紫洋蔥切成厚度0.3cm的圓圈，接著浸泡冷水以去除辣味。

2 將韭菜切成5cm長度。

3 準備預熱至180℃的油鍋，放入唐揚雞塊油炸7分鐘左右。

4 將炸好的雞塊加上韓式洋釀醬拌勻。

組合 · 裝飾

1 將越式法國麵包的側面中央橫劃出2/3深度的刀口，在麵包中間塗抹美乃滋，再均勻地放上紫洋蔥、韭菜。

2 接著放上洋釀炸雞，並在炸雞的空隙擺上切成小塊的鍋巴，最後撒上芝麻即完成。

準備
3

準備
4

Bánh mì
BULGOGI
香辣烤牛肉越式法國麵包

這是以越南料理「烤肉榨粉（Bún chá）」為靈感研發的菜色。
肉質軟嫩的牛肉搭配添加了魚露的香辣醬汁，以及開胃的韓式醃蘿蔔，增添異國風味。

Ingredients · Directions

Prepare

青辣椒 1/2個
紅辣椒 1/2個
魚露 1g
芝麻油A 3g
紫洋蔥 20g
韓式醃蘿蔔 40g
食用油 適量
牛五花肉 120g
烤肉醬 15g
芝麻 1g
芝麻油B 2g

Finish

越式法國麵包 1個
是拉差辣椒抹醬 40g →參考p.41
冰山火焰萵苣 20g

準備

1 將青辣椒、紅辣椒去籽，切成0.3×0.3cm的大小。

2 在辣椒末裡添加魚露和芝麻油A，攪拌均勻。

3 將紫洋蔥切成厚度0.3cm的圓圈，再浸泡冷水以去除辣味。

4 將韓式醃蘿蔔的水分瀝乾，切成細絲。

5 在平底鍋中倒入食用油，將牛五花肉、烤肉醬加進鍋中拌炒至全熟。

6 關火後，將芝麻、芝麻油B加進去輕輕拌勻。
　Tip 也可以購買事先調味好的烤肉來使用。

組合 · 裝飾

1 將越式法國麵包的側面中央橫劃出2/3深度的刀口，在麵包中間塗抹是
　拉差辣椒抹醬，再鋪上火焰萵苣。
　Tip 使用烤肉抹醬（參考p.41）也很合適。

2 將紫洋蔥、韓式醃蘿蔔在麵包上各排成一列，然後在中間夾入烤肉。

3 最後在烤肉上均勻放上辣椒末即完成。

準備
2

準備
6

披薩餃

披薩餃是填滿內餡後，摺疊成像餃子形狀的義大利料理，又稱為「口袋披薩」。內餡包含了乳酪、肉類和蔬菜等，烹飪完即刻品嚐時，可以吃到令人愛不釋手的拉絲乳酪。為了維持麵團和內餡的濕潤，必須事先將內餡烹調好，包入麵團內後，再迅速地用高溫烘焙。

CALZONE

分量12個

Dough

Two stars 高筋麵粉 500g

低糖乾酵母 1.5g

牛奶 165g

水 165g

鹽 12g

橄欖油 15g

Match

肉類 • 海鮮 • 蔬菜等

多種食材

1 將所有食材都加進攪拌盆中，攪拌到毫無粉末殘留。

2 為了讓麵團起筋，麩質成形以達最大彈性，用攪拌機第一段攪拌3分鐘，再以第二段攪拌3分鐘。
→**麵團溫度24℃**

3 在溫度27℃的環境下靜置休息15分鐘，再將麵團分割成每份70g且整成圓形。

4 將麵團放進4℃的冰箱中靜置休息30分鐘。

5 用擀麵棍將麵團擀平成直徑16cm的圓形。

6 在麵團上方放上片狀的普羅沃洛內乳酪（食譜以外的分量），再將準備好的餡料放入。

7 在麵團邊緣抹水，對摺使兩側貼合，形成半圓形。

8 將麵團放進預熱至上層火270℃、下層火230℃的電烤層爐，噴蒸氣，烘烤3分鐘左右。

MONPIN TIP

4 麵團經過充分冷藏靜置休息，才容易用擀麵棍擀壓。

5 如果麵團沒有平整，加入內餡烘烤時，可能會發生破裂現象，因此將麵團擀平成均勻的厚度和形狀是重要關鍵。

Calzone
ROASTED MUSHROOM
烤蕈菇披薩餃

彈牙的綜合烤蕈菇，配上香濃的巴薩米克醋膏和松露油，
打造出幾近完美的風味。

Ingredients · Directions

Prepare

洋蔥 20g
蘑菇 20g
香菇 20g
杏鮑菇 30g
食用油 適量
鹽 適量
胡椒 適量
瑞可塔乳酪 10g →參考 p.28
蘑菇醬 10g
巴薩米克醋膏 5g
百里香 1g
松露油 2g
格拉娜帕達諾乳酪 1g

Finish

披薩餃麵團（70g）1顆
普羅沃洛內乳酪 1片

準備

1 將洋蔥切成0.5×0.5cm大小。

2 將蘑菇和香菇的根部切除，切成1×1cm大小。

3 將杏鮑菇縱向切成4塊，再切成1×1cm大小。

4 在倒入食用油的平底鍋中放入洋蔥，撒上鹽和胡椒，拌炒至透明。

5 在倒入食用油的平底鍋中放入蘑菇、香菇、杏鮑菇，撒上鹽和胡椒，以中火拌炒3分鐘左右。

6 將炒洋蔥、炒蕈菇、瑞可塔乳酪、蘑菇醬、巴薩米克醋膏、百里香、松露油、格拉娜帕達諾乳酪、鹽和胡椒混合均勻。
Tip 食材混合之前，應儘可能去除炒洋蔥和蕈菇中的水分。

組合 · 裝飾

1 在披薩餃麵團上半部的邊緣保留2cm的空間，放上普羅沃洛內乳酪，再加入備好的餡料。

2 在麵團邊緣抹水，對摺後用手按壓封口。

3 將烤箱的上層火預熱至270℃、下層火預熱至230℃，再將披薩餃放進去烘烤3分鐘左右。

準備 5

準備 6

PUMPKIN&CHICKEN BREAST

南瓜雞胸肉披薩餃

包入甜蜜的南瓜與肉質柔嫩的雞胸肉,是一款飽足感滿滿的麵包料理。
微微添加了異國香料,讓風味更加出色。

--- **Ingredients · Directions** ---

Prepare

南瓜 40g
食用油 適量
鹽 適量
胡椒 適量
舒肥雞胸肉 40g
胡桃 5g
杏仁 5g
瑞可塔乳酪 10g →參考p.28
薑黃粉 1g
咖哩粉 1g
蔓越莓乾 5g

Finish

披薩餃麵團（70g）1顆
普羅沃洛內乳酪 1片

準備

1 將南瓜去皮,切成1×1cm大小。

2 在倒入食用油的平底鍋中放入南瓜、鹽、胡椒,炒至質地變軟且全熟。
Tip 在平底鍋中加入少許水拌炒,南瓜就不會燒焦。

3 將舒肥雞胸肉切成1.5×1.5cm大小。

4 將胡桃、杏仁放進預熱至160℃的烤箱中烘烤約15分鐘,再搗成0.5cm的小碎塊。

5 將南瓜、雞胸肉、胡桃、杏仁、瑞可塔乳酪、薑黃粉、咖哩粉和蔓越莓乾混合均勻。

組合 · 裝飾

1 在披薩餃麵團上半部的邊緣保留2cm的空間,放上普羅沃洛內乳酪,再加入備好的餡料。

2 在麵團邊緣抹水,對摺後用手按壓封口。

3 將烤箱的上層火預熱至270℃、下層火預熱至230℃,再將披薩餃放進去烘烤3分鐘左右。

準備 1

準備 5

SHRIMP

鮮蝦披薩餃

彈牙的蝦子配上微辣的醬料，再結合普羅沃洛內和瑞可塔兩種乳酪，
展現出濃郁柔滑的風味。

Ingredients · Directions

Prepare

洋蔥 20g
食用油 適量
蝦仁 20g
鹽 適量
蟹肉 20g
蝦醬（市售產品）5g
辣味抹醬 10g →參考p.40
香芹末 1g
瑞可塔乳酪 10g →參考p.28

Finish

披薩餃麵團（70g）1顆
普羅沃洛內乳酪 1片

準備

1 將洋蔥切成0.5×0.5cm大小。

2 在倒入食用油的平底鍋中，將洋蔥拌炒至透明。

3 沸水中加入鹽，將蝦子汆燙，煮熟後切成1cm長度。

4 將洋蔥、蝦子、蟹肉、蝦醬、辣味抹醬、香芹末和瑞可塔乳酪一起攪拌均勻。

組合·裝飾

1 在披薩餃麵團上半部的邊緣保留2cm的空間，放上普羅沃洛內乳酪，再加入備好的餡料。

2 在麵團邊緣抹水，對摺後用手按壓封口。

3 將烤箱的上層火預熱至270℃、下層火預熱至230℃，再將披薩餃放進去烘烤3分鐘左右。

準備
3

準備
4

Calzone
MALA SAUCE BEEF BRISKET
麻辣牛五花披薩餃

將口感軟嫩的牛五花肉，添加火辣的麻辣醬和刺麻的花椒粉一起拌炒，
味道就像麻辣鍋一樣獨特，這是特別為了辣味愛好者而設計的菜單。

Ingredients · Directions

Prepare
大蔥 10g
洋蔥 20g
秀珍菇 20g
腰果 5g
食用油 適量
蒜片 10g
牛五花肉 60g
麻辣醬（市售產品）15g
花椒粉 2g

Finish
披薩餃麵團（70g）1顆
普羅沃洛內乳酪 1片

準備

1 將大蔥切成寬度0.3cm的細末，洋蔥切成寬度0.5cm的絲狀。

2 依據秀珍菇的大小，可以撕成兩半或1/4塊。

3 將腰果放進預熱至160℃的烤箱中烤15分鐘左右。

4 在倒入食用油的平底鍋中，加入大蔥、洋蔥、秀珍菇和蒜片，拌炒直到洋蔥變得透明為止。

5 將牛五花肉、麻辣醬和花椒粉加進鍋中，拌炒至牛肉熟透即關火，再放入腰果稍微攪拌。
   Tip 牛五花肉片可以用絞肉或肉絲替代。

組合 · 裝飾

1 在披薩餃麵團上半部的邊緣保留2cm的空間，放上普羅沃洛內乳酪，再加入備好的餡料。

2 在麵團邊緣抹水，對摺後用手按壓封口。

3 將烤箱的上層火預熱至270℃、下層火預熱至230℃，再將披薩餃放進去烘烤3分鐘左右。

準備 2

準備 5

Calzone
DAK-GALBI
辣炒雞披薩餃

將肥厚的雞腿肉裹上辣味醬汁，配上清爽又辛辣的獅子唐辛子和清香的芝麻葉，
這是一款充滿韓式風味、使人胃口大開的料理。

Ingredients · Directions

Prepare

雞腿肉 60g
辣炒雞醬汁（市售產品）30g
芝麻 0.5g
洋蔥 20g
獅子唐辛子 10g
芝麻葉 2g
食用油 適量

Finish

披薩餃麵團（70g）1顆
普羅沃洛內乳酪 1片

準備

1 將雞腿肉切成1.5×1.5cm大小，加入一半的辣炒雞醬汁和芝麻拌勻。

2 將洋蔥切成寬度0.5cm的絲狀。

3 將獅子唐辛子去除蒂頭，切成1cm寬度。

4 將芝麻葉切成寬度1cm的長條。

5 在倒入食用油的平底鍋中，加入雞腿肉拌炒。

6 再將洋蔥加進鍋裡，拌炒到顏色變得透明為止，然後放入剩下的辣炒雞醬汁，以中火拌炒3分鐘左右。

7 等雞腿肉全熟後即可關火，將獅子唐辛子、芝麻葉加進去輕輕拌勻。

組合·裝飾

1 在披薩餃麵團上半部的邊緣保留2cm的空間，放上普羅沃洛內乳酪，再加入備好的餡料。

2 在麵團邊緣抹水，對摺後用手按壓封口。

3 將烤箱的上層火預熱至270℃、下層火預熱至230℃，再將披薩餃放進去烘烤3分鐘左右。

準備
1

準備
7

Calzone
PULLED PORK&QUINOA
手撕豬肉藜麥披薩餃

有嚼勁且味道清淡的普羅沃洛內乳酪搭配手撕豬肉，
再加上具有高營養價值的藜麥，結合成豐盛的麵包料理。

Ingredients · Directions

Prepare

洋蔥 20g
玉米罐頭 10g
藜麥 20g
鹽 適量
檸檬汁 適量
食用油 適量
手撕豬肉 40g →參考p.36
迷迭香 1g
BBQ抹醬 10g →參考p.40
胡椒 適量

準備

1 將洋蔥切成0.5×0.5cm大小。

2 將玉米粒過篩濾掉水分。

3 將藜麥放入添加了少許鹽和檸檬汁的水中，煮12分鐘左右。
　Tip 藜麥煮熟後不用沖冷水，而是用飯勺翻拌讓熱氣流出來冷卻。
　Tip 藜麥可用小扁豆、黑米、燕麥、大麥等代替。

4 在倒入食用油的平底鍋中放入洋蔥和玉米，持續拌炒到洋蔥變得透明。

5 將藜麥、洋蔥、玉米、手撕豬肉、細切的迷迭香、BBQ抹醬和胡椒一起攪拌均勻。

Finish

披薩餃麵團（70g） 1顆
普羅沃洛內乳酪 1片

組合 · 裝飾

1 在披薩餃麵團上半部的邊緣保留2cm的空間，放上普羅沃洛內乳酪，再加入備好的餡料。

2 在麵團邊緣抹水，對摺後用手按壓封口。

3 將烤箱的上層火預熱至270℃、下層火預熱至230℃，再將披薩餃放進去烘烤3分鐘左右。

準備
3
tip

準備
5

口袋麵包

應用中東傳統飲食「pita（皮塔餅）」，經過烤製後呈現出清淡風味的中空圓形麵包。將麵包切成兩半，可以在像口袋一樣的空間中填入各種食材。如果烤得過於酥脆，裝滿餡料後容易破裂，所以要嚴格掌控烘烤時間。

POCKET BREAD

分量13個

Dough

高筋麵粉 160g	高糖乾酵母 5g	鹽 1g
中筋麵粉 160g	水 190g	
細砂糖 20g	橄欖油 20g	

Match

拌炒肉類 · 新鮮嫩葉

1 將所有食材都加進攪拌盆中，充分攪拌至毫無粉末殘留。

2 為了讓麵團起筋，麩質成形以達到最大的彈性，用攪拌機第一段攪拌3分鐘，再用第二段攪拌3分鐘，最後調回第一段攪拌1分鐘。
→麵團溫度27℃

3 將麵團放置在溫度27℃的環境下發酵40分鐘。

4 將麵團分割成每份40g，並整成圓形，然後靜置休息15分鐘。

5 使用擀麵棍將麵團擀平成直徑15cm的圓形。

6 將擀平的麵團排列在烤盤紙上。

7 將麵團放進預熱至上層270℃、下層230℃的對流式烤箱，噴蒸氣，烘烤3分鐘。

8 使用小刀小心翼翼地切割成口袋形狀，留意不要讓麵包破裂。

MONPIN　TIP

1 第一次攪拌時，要將水溫控制在40℃。

5 不需要經過二次發酵，直接將麵團擀開即可。要盡量將形狀維持圓形，烘烤膨脹時也才會是圓形。

CAESAR CHICKEN SALAD

凱薩雞肉沙拉口袋麵包

由味道強烈的培根和清脆爽口的蘿蔓萵苣組合而成的凱薩沙拉作為內餡。
就像凱薩沙拉的起源是聚集廚房裡的食材即興製作而成，可以隨性使用炸雞、蝦、麵包丁等材料。

Ingredients · Directions

Prepare

培根脆片 1條 →參考p.32
蘿蔓萵苣 30g
舒肥雞胸肉 1/2個
凱薩沙拉醬 20g
格拉娜帕達諾乳酪 適量
半熟水煮蛋 1/2個

Finish

口袋麵包 1個
帕達諾乳酪脆片 5g →參考p.31

準備

1 將培根脆片切成3cm寬度。

2 將蘿蔓萵苣橫切成2cm寬度。

3 將舒肥雞胸肉切成1×1cm大小。

4 將蘿蔓萵苣、舒肥雞胸肉淋上凱薩沙拉醬，加入用刨刀磨碎的格拉娜帕達諾乳酪一起攪拌。

5 把水煮蛋切成二等分的楔形。
Tip 將雞蛋常溫保存30分鐘以上，再放進加了鹽、食用醋的沸水中，煮8分鐘左右後，浸泡冰塊水冷卻。

組合 · 裝飾

1 在口袋麵包中裝滿凱薩沙拉。

2 放置水煮蛋時，讓蛋黃面露出來，最後再放上培根脆片、帕達諾乳酪脆片即完成。

準備 4

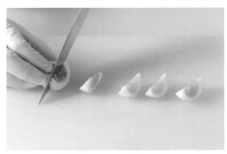

準備 5

Pocket Bread
MAPO DUBU
麻婆豆腐口袋麵包

香辣的鹹味醬汁配上越嚼越香的豆腐製成麻婆豆腐，美味到讓人忍不住想一吃再吃，
這是一款以麻婆豆腐蓋飯為概念延伸出來的麵包料理。

Ingredients · Directions

Prepare

結球萵苣 15g
紫萵苣 15g
豆腐 50g
食用油 適量
洋蔥 50g
大蔥 10g
辣椒油 5g
蒜末 10g
豬絞肉 100g
細砂糖 10g
辣椒粉 5g
豆瓣醬 15g
蠔油 10g
水 10g
芝麻油 5g

Finish

口袋麵包 1個
豆瓣抹醬 20g →參考p.41
蒜片 1g
蔥末 1g

準備

1 將結球萵苣、紫萵苣切成寬度1cm的片狀。

2 將豆腐切成1×1×1cm大小，用廚房紙巾吸乾水分後，放進平底鍋中，倒入分量充足的食用油，以中火油炸3分鐘左右，炸至顏色變得金黃。

3 將洋蔥切成0.5×0.5cm大小，大蔥切成寬度0.5cm的細末。

4 在平底鍋中倒入辣椒油，將洋蔥、大蔥、蒜末、豬絞肉、細砂糖、辣椒粉加入鍋中，以中火拌炒約1分鐘。

5 再加入豆瓣醬、蠔油、水，以大火拌炒3分鐘左右，最後加入芝麻油。
Tip 盡量拌炒到沒有水分殘留，這樣放進麵包時，麵包才不會過於濕潤。

組合 · 裝飾

1 在口袋麵包內部均勻塗抹上豆瓣抹醬，再放入結球萵苣和紫萵苣。

2 將炸豆腐和炒好的食材拌勻後，一併放入麵包中，再放上蒜片和蔥末即完成。

準備
2

準備
5

GARLIC STEM&PORK

蒜苔炒豬肉口袋麵包

具有獨特蒜香和清脆口感的蒜苔，用魚露增添鮮味拌炒而成的豬肉，以及豐富的新鮮生菜，
滿滿地包入這些食材，光是透過視覺享受，就已經擁有飽足感。

Ingredients · Directions

Prepare
結球萵苣 15g
紫萵苣 15g
洋蔥 30g
蒜苔 60g
食用油 適量
蒜末 10g
豬絞肉 100g
料理酒 10g
醬油 6g
細砂糖 10g
魚露 3g
胡椒 適量
芝麻油 5g

Finish
口袋麵包 1個
烤肉抹醬 20g →參考p.41
芝麻 1g

準備

1 將結球萵苣、紫萵苣切成寬度1cm的片狀。

2 將洋蔥切成0.5×0.5cm大小。

3 將蒜苔切成1cm長度。

4 在倒入食用油的平底鍋中，放入蒜末、洋蔥，以中火拌炒大約1分鐘，
接著加入豬絞肉，以大火拌炒約1分鐘。

5 將蒜苔也加進去拌炒，等豬絞肉全熟後，再倒入料理酒，持續拌炒到水
分全都蒸發為止。

6 將醬油、細砂糖、魚露、胡椒加進去拌炒，關火後再倒入芝麻油。

組合 · 裝飾

1 在口袋麵包內部均勻塗抹上烤肉抹醬，再放入結球萵苣和紫萵苣。

2 放入炒好的豬絞肉和蒜苔，最後撒上芝麻即完成。

準備
1

準備
6

Pocket Bread
BEEF RAGÙ
義式牛肉醬口袋麵包

以米雷普瓦（Mirepoix）為基底，長時間拌炒製成的義式牛肉醬，
搭配蔬菜一起包入味道清淡的口袋麵包中，很適合下班後配上一杯紅酒來享用。

─── **Ingredients · Directions** ───

Prepare
結球萵苣 15g
紫萵苣 15g

Finish
口袋麵包 1個
義式牛肉醬 180g →參考p.30
格拉娜帕達諾乳酪 3g
迷迭香 1g

準備
1 將結球萵苣、紫萵苣切成寬度1cm的片狀。

組合 · 裝飾
1 在口袋麵包內放入結球萵苣、紫萵苣、義式牛肉醬，再撒上磨碎的格拉娜帕達諾乳酪。

2 用噴槍炙燒上色後，再次撒上格拉娜帕達諾乳酪，最後放上迷迭香做裝飾即完成。

準備
1

組合 · 裝飾
1

小圓麵包

這是充滿豐富的牛奶和奶油風味、質地柔軟、造型小巧的圓形英式麵包，又稱為「漢堡麵包」，通常會製作成比手掌還小的尺寸。與多種食材搭配時，適合將麵包做成富有嚼勁的口感，因此特地將食譜中的麵粉和液體食材的比例設為1：1。

BUN

分量9個

Dough

Two stars 高筋麵粉 500g
細砂糖 10g
鹽 10g

高糖乾酵母 5g
牛奶 100g
水 350g

橄欖油 50g

Match

烹飪成微鹹風味的
肉類 · 海鮮

directions

1

將橄欖油以外的所有食材放入攪拌盆中，以低速攪拌約5分鐘。

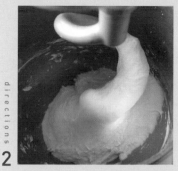

directions

2

為了攪拌到毫無粉末殘留，用第二段攪拌5分鐘，再用第三段攪拌2分鐘，直到麵團變得光滑。

directions

3

將橄欖油分成四到五次添加，同時用第一段攪拌5分鐘，再用第二段攪拌3分鐘，接著調回第一段攪拌1分鐘，直到麵團變得光澤有彈性為止。

→麵團溫度27°C

directions

4

放置室溫下發酵30分鐘後，進行排氣、摺疊。

directions

5

在溫度27°C的環境下靜置發酵40分鐘。

directions

6

將麵團分割成每份80g，並整成圓形，然後靜置休息10分鐘。

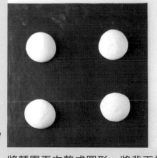

directions

7

將麵團再次整成圓形，將背面捏緊後放置在烤盤紙上。

directions

8

在溫度34°C的環境下發酵40分鐘後，將麵團的頂部塗抹橄欖油。

directions

9

將麵團放進預熱至上層火240°C、下層火220°C的電烤層爐，噴蒸氣，烘烤9-10分鐘後，再次塗抹上一層橄欖油。

MONPIN TIP

4 在發酵後將麵團進行摺疊，能夠增強麵筋強度，同時注入新的氧氣，有助於酵母的活性，還可以整理內部的氣孔，藉此形成均勻的結構。

STIR-FRIED CHILI PEPPERS &PORK

甜椒炒肉絲漢堡

用辣椒油拌炒肉絲和清脆的蔬菜，再加入豆瓣醬和蠔油以增添甘醇風味。
靈感來自於花捲和青椒肉絲的組合，打造出全新風味的麵包料理。

Ingredients · Directions

Prepare

結球萵苣 15g
洋蔥 10g
甜椒 20g
香菇 10g
韭菜 10g
辣椒油 5g
蒜片 10g
牛五花肉 50g
蠔油 5g
豆瓣醬 10g

Finish

小圓麵包 1個
豆瓣抹醬 20g →參考p.41

準備

1 將結球萵苣按照麵包的大小切好備用。
　Tip 生菜以夾進麵包中間後，葉緣會稍微突出的大小為佳。

2 將洋蔥切成寬度0.5cm的細絲。

3 將甜椒切成兩半、去籽，再切成寬度0.5cm的細絲。
　Tip 為了色彩的協調性，平均使用了紅色與黃色甜椒。

4 將香菇柄去掉，切成寬度0.5cm的絲狀。

5 將韭菜切成3cm長度。

6 在平底鍋中倒入辣椒油，將蒜片和牛五花肉加進去拌炒，等肉開始變熟後，即可加入洋蔥、甜椒、香菇拌炒2分鐘左右。
　Tip 牛肉也可以用豬肉、雞肉替代。

7 接著加入蠔油和豆瓣醬，以大火快速拌炒後關火，加入韭菜輕輕攪拌。

組合 · 裝飾

1 將小圓麵包橫切成兩半，兩面的內側皆塗上豆瓣抹醬。

2 依序放上結球萵苣和炒甜椒肉絲，再蓋上麵包的上層即完成。

準備6　　準備7

BULGOGI

韓式烤肉漢堡

用香噴噴的牛五花肉製作成每個人都喜愛的烤肉,再把肉填滿整個小圓麵包,
這是一款絕對零負評的美味料理。

Ingredients · Directions

Prepare
紫洋蔥 20g
韭菜 5g
食用油 適量
牛五花肉 60g
蒜片 5g
烤肉醬 20g
芝麻油 3g
芝麻 1g

Finish
小圓麵包 1個
烤肉抹醬 20g →參考p.41
芝麻 1g

準備

1 將紫洋蔥切成厚度0.3cm的圓圈,浸泡冷水以去除辛辣味。

2 將韭菜切成3cm長度。

3 在倒入食用油的平底鍋中,將蒜片煎香後,再加入牛五花肉、烤肉醬,
拌炒3分鐘左右。

4 關火後將芝麻油、芝麻加入鍋中,輕輕拌勻。
Tip 也可以使用市面上販售的已調味烤肉來製作。

組合 · 裝飾

1 將小圓麵包橫切成兩半,兩面的內側皆塗上烤肉抹醬。
Tip 使用包飯抹醬(參考p.41)來製作也很適合。

2 依序放上紫洋蔥、韭菜、烤牛肉和芝麻,最後蓋上麵包的上層即完成。

準備 1

準備 3

Bun
TANDOORI CHICKEN
印度坦都里烤雞漢堡

香料味獨特的坦都里烤雞加上優格抹醬，不僅可以消除腥味，更增加了酸甜滋味。
這款麵包料理很受到喜愛印度料理的顧客歡迎。

--- **Ingredients · Directions** ---

Prepare
結球萵苣 15g
番茄 1/4個
紫洋蔥 20g
坦都里醬料（市售產品）40g
希臘優格 20g
辣椒粉 5g
雞腿肉 120g

Finish
小圓麵包 1個
優格抹醬 30g → 參考p.39
香菜葉 5g

準備

1 將結球萵苣按照麵包的大小切好備用。
   Tip 生菜以夾進麵包中間後，葉緣會稍微突出的大小為佳。

2 將番茄切成厚度0.5cm的圓形。

3 將紫洋蔥切成厚度0.3cm的圓圈，放入冷水中浸泡以去除辣味。

4 將坦都里醬料、希臘優格、辣椒粉混合，再讓雞腿肉均勻沾附後，醃製
   約1小時。

5 將醃製雞腿肉放進預熱至170℃的烤箱中烤15分鐘，再斜切成四等分。

組合 · 裝飾

1 將小圓麵包橫切成兩半，兩面的內側皆塗上優格抹醬。

2 依序放上結球萵苣、番茄、紫洋蔥、坦都里烤雞和香菜葉，再蓋上麵包
   的上層即完成。
   Tip 考量到大眾對香菜的喜好很兩極，可以另外將香菜單獨裝起來再一併端
   上桌或省略不放。

準備
4

準備
5

Bun

FRIED SHRIMP

海洋風味炸蝦漢堡

這道料理以獨特的食材組合而成，酥脆的炸蝦搭配甜辣的抹醬以及奶油般柔軟的酪梨，
再加上用味道濃郁的海藻製成的烤甘苔，推薦大家嘗試看看。

--- **Ingredients · Directions** ---

Prepare
紫洋蔥 20g
酪梨 1/2個
冷凍炸蝦（市售產品）3隻
烤甘苔 20g

Finish
小圓麵包 1個
辣味抹醬 30g →參考p.40
檸檬醬 15g →參考p.37

準備

1 將紫洋蔥切成厚度0.3cm的圓圈，再放入冷水中浸泡以去除辣味。

2 將酪梨去皮、去籽，縱向切成厚度0.3cm的片狀。

3 將冷凍炸蝦放入預熱至180°C的油中炸4分鐘左右。

4 用于將烤甘苔撕開備用。

組合·裝飾

1 將小圓麵包橫切成兩半，兩面的內側皆塗上辣味抹醬。

2 依序放上紫洋蔥、酪梨、炸蝦，冉把檸檬醬均勻地淋在炸蝦上。

3 放上烤甘苔後，再蓋上麵包的上層即完成。

準備
2

準備
3

SALAD BRUNCH

用簡便食材製成的
熱門早午餐菜單

TOMATO&BURRATA CHEESE

番茄布拉塔乳酪沙拉

擁有奶油乳酪般柔軟口感的布拉塔乳酪，搭配番茄、芝麻菜組合而成的超簡單沙拉。
多種顏色的番茄與乳酪上方斜斜擺放著帕達諾乳酪脆片，更增添了視覺效果。

Ingredients · Directions

Prepare
小番茄 8個

準備
1 以小番茄的蒂頭為中心，將小番茄切成兩半或1/4大小。

Finish
羅勒抹醬 10g →參考p.40
布拉塔乳酪 50g
野生芝麻菜 30g
巴薩米克醋珍珠 5g
帕達諾乳酪脆片 5g →參考p.31

組合 · 裝飾

1 在盤子中央先放上羅勒抹醬，再放上布拉塔乳酪。

2 接著在布拉塔乳酪周圍放上野生芝麻菜。

3 將小番茄放在野生芝麻菜上面，再均勻地撒上巴薩米克醋珍珠。
Tip 巴薩米克醋珍珠可以用巴薩米克醋膏替代。

4 最後在布拉塔乳酪上方放上帕達諾乳酪脆片即完成。
Tip 用刨刀刨山檸檬皮屑後添加進去，可以讓整體風味和香氣變得更高級。
Tip 使用特級初榨橄欖油、鹽、巴薩米克醋膏或羅勒抹醬等作為沙拉醬，能夠襯托番茄和布拉塔乳酪的原有風味。

組合 · 裝飾
1

組合 · 裝飾
3

BERRY&RICOTTA CHEESE

莓果瑞可塔乳酪沙拉

瑞可塔乳酪擁有清爽奶香味和柔順口感，與任何食材都很相配。
水果和堅果可以根據季節替換，但要避免味道或香氣過於濃郁的食材。

Ingredients · Directions

Prepare

南瓜 50g
橄欖油 適量
鹽 適量
胡椒 適量
胡桃 5g
草莓 3個

Finish

野生芝麻菜 60g
藍莓 10個
瑞可塔乳酪 75g →參考p.28
楓糖漿 5g
特級初榨橄欖油 5g

準備

1 將南瓜去籽，切成楔形後切成四等分。

2 在南瓜上撒上橄欖油、鹽、胡椒，放進預熱至180℃的烤箱中，烘烤大約10分鐘。

3 將胡桃放進預熱至160℃的烤箱中烤15分鐘左右。

4 將草莓去除蒂頭，縱向切成四等分。

組合·裝飾

1 將野生芝麻菜攤平在盤子中，再放上南瓜、胡桃、草莓和藍莓。

2 把瑞可塔乳酪撕成圓圓的形狀，擺放在四處，最後淋上楓糖漿、橄欖油即完成。

Tip 這道適合搭配味道清爽的沙拉醬，像是巴薩米克醋、雪莉醋（Sherry Vinegar）等油醋醬，或者檸檬醬（參考p.37）、萊姆、柳橙等柑橘類水果調味汁，不會破壞瑞可塔乳酪本身柔軟又清爽的味道。

準備 1

組合·裝飾 2

SHRIMP&QUINOA

鮮蝦藜麥水波蛋沙拉

這道沙拉很適合作為開胃菜，在藜麥上方排列蝦仁、在新鮮蔬菜上方擺顆水波蛋，
整齊並排的食材讓此道菜變得更加亮眼。

Ingredients · Directions

Prepare

綠捲鬚生菜 20g
蒔蘿 1g
小番茄 4個
小黃瓜 10g
甜椒 10g
紫洋蔥 10g
藜麥 30g
芒果沙拉醬 5g →參考p.37
蝦仁 5隻
鹽 適量
檸檬汁 適量

Finish

水波蛋 1個 →參考p.27
車窩草 1g
酸模 1g

準備

1 將綠捲鬚生菜切成2cm長度。蒔蘿只剪下葉子部分。

2 將小番茄切成四等分。

3 將小黃瓜、甜椒去籽，切成0.5×0.5cm大小。
　Tip 為了色彩的協調性，平均使用了紅色與黃色甜椒。

4 將紫洋蔥切成0.5×0.5cm大小。

5 將藜麥放入添加了少許鹽、檸檬汁的水中，煮12分鐘左右。
　Tip 藜麥煮熟後不用沖冷水，而是用飯勺翻拌讓熱氣流出來冷卻。

6 將小黃瓜、甜椒、紫洋蔥、藜麥放在一起，再淋上芒果沙拉醬拌勻。

7 將蝦子放進加了鹽、檸檬汁的沸水中燙熟。

組合 · 裝飾

1 用芒果沙拉醬拌勻的藜麥與蔬菜集中放在盤子的一側，排成長條狀，再
　將蝦子排在上面。

2 在盤子另一側擺上滿滿的綠捲鬚生菜、蒔蘿、小番茄、車窩草和酸模，
　最後在中央放上水波蛋即完成。
　Tip 香橙、檸檬醬（參考p.37）等柑橘類水果沙拉醬，或優格沙拉醬等清爽
　調味的醬汁，可以遮掩蝦子的微腥味道，非常適合使用。

準備
6

組合 · 裝飾
2

SMOKED SALMON

煙燻鮭魚花環沙拉

將煙燻鮭魚、酪梨、綠捲鬚生菜的口感柔和地融合在一起的沙拉，
再用蒔蘿抹醬、香橙果凍增添風味，並製作成花環造型。

Ingredients · Directions

Prepare

綠捲鬚生菜 40g
蒔蘿 5g
車窩草 5g
櫻桃蘿蔔 10g
酪梨 1/4個
成熟酸豆 10g
紅蔥 (shallot) 5g
水 20g
吉利丁粉 1.5g
香橙原汁 2g
糖漬香橙 10g

Finish

煙燻鮭魚 100g
酸模 3g
蒔蘿抹醬 10g →參考p.39

準備

1 將綠捲鬚生菜切成2cm長度。蒔蘿、車窩草只剪下葉子部分。

2 將櫻桃蘿蔔切成薄的楔形。將酪梨去皮、去籽，切成楔形後斜切成兩半。

3 將成熟酸豆縱向切成兩半。將紅蔥切成厚度0.2cm的圓片。

4 先用一半的溫水融化吉利丁粉後，再加入剩餘的水、香橙原汁和糖漬香橙混合。過篩後，倒入扁平的托盤中，放進冰箱凝固，製成香橙果凍。
Tip 香橙果凍可以冷藏保存二天。

5 用叉子將香橙果凍搗碎。

組合 · 裝飾

1 在盤子的中央放上環狀模具，在模具周圍放上滿滿的酸模、綠捲鬚生菜、蒔蘿和車窩草。

2 將煙燻鮭魚一片一片摺好後疊放上去。

3 自然地擺放櫻桃蘿蔔、紅蔥、酪梨、成熟酸豆、香橙果凍。

4 小心地取出環形模具，最後將蒔蘿抹醬一滴一滴擠上去即完成。
Tip 辣根醬、檸檬醬（參考p.37）或芒果沙拉醬（參考p.37）等水果風味沙拉醬，可以遮掩煙燻鮭魚的微腥味道，非常適合使用。

組合 · 裝飾 2

組合 · 裝飾 4

Salad
CHICKEN BREAST
雞胸肉凱薩沙拉

由質地柔嫩的雞胸肉搭配培根、雞蛋、蘿蔓等基本食材製成的經典沙拉。
將蘿蔓切成長條狀，再淋上沙拉醬來食用，並按照凱薩沙拉原本的造型進行擺盤。

Ingredients · Directions

Prepare
迷你蘿蔓萵苣 1/2個
舒肥雞胸肉 1個
食用油 適量
半熟水煮蛋 1/2個

Finish
格拉娜帕達諾乳酪 適量
培根脆片 1條 →參考p.32
凱薩沙拉醬 50g

準備

1 將迷你蘿蔓萵苣直切成四等分。

2 在倒入食用油的平底鍋中，放入舒肥雞胸肉並煎至上色，再切成兩半。
   Tip 雞胸肉也可以用蝦子來替代。

3 將水煮蛋切成楔形。
   Tip 將雞蛋常溫保存30分鐘以上，然後放進加了鹽、食用醋的沸水中，煮8分鐘左右，再浸泡冰塊水冷卻。

組合 · 裝飾

1 在盤子的一側放上迷你蘿蔓萵苣，另一側放上雞胸肉。

2 放置水煮蛋時，讓蛋黃面露出來，再用刨刀研磨格拉娜帕達諾乳酪，均勻地撒在蘿蔓萵苣上方。

3 最後放上培根脆片、淋上凱薩沙拉醬即完成。
   Tip 為了讓雞胸肉質地變得更加柔軟濕潤，可以搭配凱薩沙拉醬、田園沙拉醬、藍紋乳酪醬等以美乃滋為基底的沙拉醬。
   Tip 再加點香脆麵包丁（croûton），就會變得更豐盛。

準備
2

組合 · 裝飾
2

SHAKSHUKA

夏卡蘇卡

被稱為「Egg in hell（煉獄中的蛋）」的北非蛋，只要有雞蛋、番茄醬和麵包，無論再添加何種食材，
都能做成美味的料理。此食譜使用的海鮮也能用一些零碎的肉和剩餘的蔬菜來替代。

Ingredients · Directions

Prepare

麵包（硬質系列）1個
橄欖油 適量
鹽 適量
胡椒 適量
大蒜 1個
洋蔥 00g
食用油 適量
蝦仁 50g
干貝 60g
魷魚 30g
蒜片 10g
番茄抹醬 200g →參考p.40

Finish

水波蛋 1個 →參考p.27
香芹末 3g
碎紅辣椒 1g
羅勒葉 1g
特級初榨橄欖油 10g

準備

1 將麵包斜切，再撒上橄欖油、鹽和胡椒，放進預熱至180℃的烤箱中烤3分鐘左右。

2 用大蒜刮麵包的斜切面，以增添味道和香氣。

3 將洋蔥切成寬度0.5cm的絲狀。

4 在倒入食用油的平底鍋中，放入洋蔥、蝦子、干貝、魷魚和蒜片，拌炒約1分鐘。
Tip 海鮮拌炒完成後，取出一部分作為裝飾備用。

5 再加入番茄抹醬，煮至海鮮完全熟透為止。

組合 · 裝飾

1 將備好的料理裝碗，再將水波蛋和作為裝飾用的炒海鮮放在中間。

2 最後撒上香芹末、碎紅辣椒、羅勒葉和特級初榨橄欖油即完成，搭配麵包食用。

準備 2

準備 5

Brunch
STRATA
蔬菜蛋奶烤

將各種食材堆疊起來，製作成擁有「地層（Strata）」之稱的美式蛋奶烤。
這道料理可以同時品嚐到多種蔬菜和雞蛋，攝取充足的營養。

Ingredients · Directions

Prepare

麵包（硬質系列）100g
橄欖油 適量
鹽、胡椒 適量
雞蛋 4個
牛奶 240g
鮮奶油 120g
第戎芥末醬 5g
碎紅辣椒 3g
格拉娜帕達諾乳酪 15g
洋蔥 80g
甜椒 120g
火腿 80g
菠菜 80g
食用油 適量
小番茄 3個
抱子甘藍 2個
花椰菜苗 3根

Finish

奶油 適量
莫札瑞拉乳酪絲 100g

準備

1 將麵包切成1.5×1.5cm大小，均勻撒上橄欖油、鹽和胡椒，放入預熱至180°C的烤箱中烤3分鐘左右。

2 將雞蛋、牛奶、鮮奶油、第戎芥末醬、碎紅辣椒、用刨刀磨碎的格拉娜帕達諾乳酪、鹽和胡椒混合在一起。

3 將洋蔥、甜椒、火腿切成1×1cm大小。菠菜根部切掉後，切三等分。

4 在倒入食用油的平底鍋中，放入洋蔥、甜椒、火腿，持續拌炒到顏色呈現金黃色，接著加入菠菜、鹽和胡椒後，用大火拌炒約1分鐘。

5 將小番茄、抱子甘藍切成兩半。將花椰菜苗的根莖底部切掉。

組合·裝飾

1 在烤皿裡塗滿奶油，將一半的麵包攤開放在上面，接著放上炒料的一半分量以蓋住麵包，再撒上莫札瑞拉乳酪絲的一半分量。

2 重複放麵包、炒料、乳酪絲的步驟之後，再放上小番茄、抱子甘藍、花椰菜苗。

3 倒入牛奶蛋液，同時用手按壓，使食材浸泡在蛋液中。

4 包上保鮮膜後，放入冰箱冷藏約1個小時。

5 放進預熱至170°C的烤箱中烤40分鐘左右即完成。

準備
4

組合·裝飾
3

Brunch

BREAD LASAGNA

義式肉醬千層麵

用麵包代替扁平的千層麵皮,與肉類、番茄醬、莫札瑞拉乳酪組合成絕佳的味道,
這款麵包版本的「千層麵」,只要準備好義式牛肉醬,隨時都可以輕鬆完成。

--- **Ingredients · Directions** ---

Prepare
麵包(硬質系列)100g
橄欖油 適量
鹽 適量
胡椒 適量

Finish
義式牛肉醬 200g → 參考p.30
莫札瑞拉乳酪絲 200g
迷迭香 1g

準備

1 將麵包切成厚度0.5cm,撒上橄欖油、鹽和胡椒,放入預熱至180℃的烤箱中烤3分鐘左右。

組合 · 裝飾

1 將一半分量的麵包、義式牛肉醬、莫札瑞拉乳酪絲依序放入烤皿中,再將同樣的步驟重複一次。
Tip 若添加一層瑞可塔乳酪(參考p.28),可以增添濃郁香氣和柔軟口感。

2 放進預熱至180℃的烤箱中烘烤約15分鐘。

3 最後放上迷迭香即完成。

準備
1

組合 · 裝飾
1

BREAD PUDDING

麵包布丁

將千層酥、小圓麵包、吐司等軟質麵包加入甜甜的蛋液，烘烤出柔軟口感的料理。
再配上新鮮沙拉或煎培根，就可以完成香甜的早午餐，美味程度不亞於美式鬆餅或法式吐司。

Ingredients · Directions

Prepare

麵包（軟質系列）100g
雞蛋 2個
牛奶 300g
細砂糖 60g
香草精 2g
肉桂粉 2g

Finish

奶油 適量
蔓越莓乾 10g
楓糖漿 5g
糖粉 1g

準備

1　將麵包切成3×3cm大小。

2　將雞蛋、牛奶、細砂糖、香草精和肉桂粉混合在一起。

組合 · 裝飾

1　在烤皿裡塗滿奶油，將麵包攤開放上去。

2　均勻地撒上蔓越莓乾。
　　Tip 蔓越莓乾可以用葡萄乾、藍莓乾等替代。

3　把牛奶蛋液滿滿地倒入，完全浸泡麵包。

4　放進預熱至170°C的烤箱中烤35分鐘左右。

5　最後淋上楓糖漿、撒上糖粉即完成。
　　Tip 搭配香草冰淇淋也很美味。

準備
2

組合 · 裝飾
3

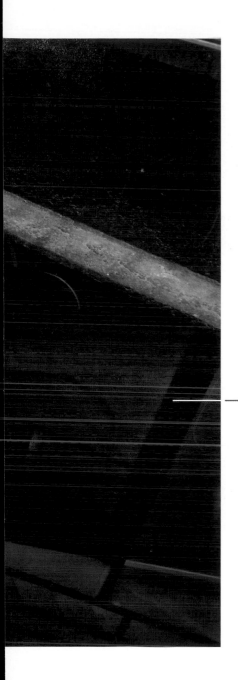

CUISINE BREAD by MONPIN

Monpin

任泰彥
·
白琮玄
·
黃景煥
·
姜采沅

台灣廣廈 國際出版集團
Taiwan Mansion International Group

國家圖書館出版品預行編目（CIP）資料

主餐級麵包料理：烘焙職人的10大歐式麵包製法與吃法,教你
做出67款開放式三明治＆咖啡館早午餐！/ 任泰彥著. -- 初版. --
新北市：台灣廣廈, 2023.11
　面；　　公分.
ISBN 978-986-130-601-8(平裝)
1.CST: 麵包　2.CST: 點心食譜

427.16　　　　　　　　　　　　　　　　112015547

主餐級麵包料理
烘焙職人的10大歐式麵包製法與吃法，教你做出67款開放式三明治＆咖啡館早午餐！

作　　　者／任泰彥	編輯中心編輯長／張秀環・編輯／許秀妃	
譯　　　者／余映萱	封面設計／曾詩涵・內頁排版／菩薩蠻數位文化有限公司	
	製版・印刷・裝訂／東豪・弼聖・秉成	

行企研發中心總監／陳冠蒨　　　　　線上學習中心總監／陳冠蒨
媒體公關組／陳柔彣　　　　　　　　產品企製組／顏佑婷
綜合業務組／何欣穎　　　　　　　　企製開發組／江季珊・張哲剛

發　行　人／江媛珍
法 律 顧 問／第一國際法律事務所 余淑杏律師・北辰著作權事務所 蕭雄淋律師
出　　　版／台灣廣廈
發　　　行／台灣廣廈有聲圖書有限公司
　　　　　　地址：新北市235中和區中山路二段359巷7號2樓
　　　　　　電話：（886）2-2225-5777・傳真：（886）2-2225-8052

代理印務・全球總經銷／知遠文化事業有限公司
　　　　　　地址：新北市222深坑區北深路三段155巷25號5樓
　　　　　　電話：（886）2-2664-8800・傳真：（886）2-2664-8801
郵 政 劃 撥／劃撥帳號：18836722
　　　　　　劃撥戶名：知遠文化事業有限公司（※單次購書金額未達1000元，請另付70元郵資。）

■出版日期：2023年11月
ISBN：978-986-130-601-8